Ghulam Habib
Naveed Ahmad
Mohsan Akhtar

# Kinetyczne badania nad syntezą amoniaku

Ghulam Habib
Naveed Ahmad
Mohsan Akhtar

# Kinetyczne badania nad syntezą amoniaku

## Badanie kinetyczne

Wydawnictwo Bezkresy Wiedzy

**Imprint**



Cover image: www.ingimage.com

Publisher:
Wydawnictwo Bezkresy Wiedzy
is a trademark of
International Book Market Service Ltd., member of OmniScriptum Publishing Group
17 Meldrum Street, Beau Bassin 71504, Mauritius

Printed at: see last page
**ISBN: 978-620-2-44629-7**

Drogi czytelniku,

książka, którą posiadasz, została pierwotnie wydana z tytułem "*The kinetic study of ammonia synthesis*", ISBN 9786202319133.

Jego publikacja w języku angielskim jest możliwa dzięki zastosowaniu najbardziej zaawansowanej sztucznej inteligencji dla języków.

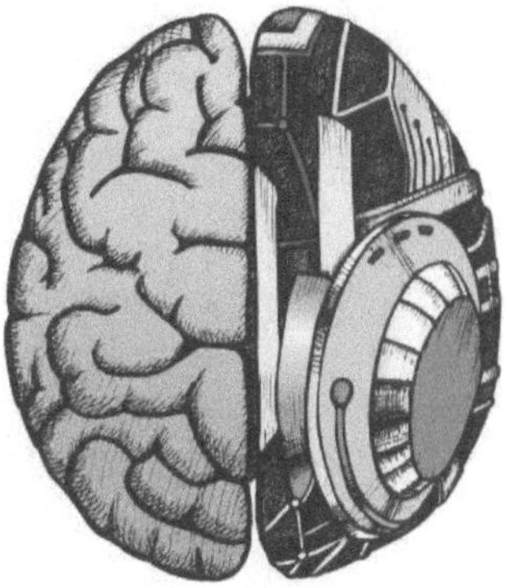

Technologia ta, uhonorowana pierwszą w historii Honorową Nagrodą Sztucznej Inteligencji w Berlinie we wrześniu 2019 r., naśladuje sposób działania ludzkiego mózgu, dzięki czemu jest w stanie uchwycić i przetłumaczyć nawet najmniejsze niuanse w bezprecedensowy sposób.

Mamy nadzieję, że znajdą Państwo wiele satysfakcji z tej książki i uprzejmie prosimy o uwzględnienie wszelkich rozbieżności językowych, które mogłyby wyniknąć z tego procesu.

Miłego czytania!

WYDAWNICTWO BEZKRESY WIEDZY

# KINETYCZNE I METAMETYCZNE BADANIE NASTROJU SYNTEZY AMONIAKU 3-BAZOWY REAKTOR

**Ghulam Habib,**

**Naveed Ahmad,**

**Mohsin Akhter**

*W imię Boga, najbardziej dobroczynnego,*

*najmiłosierniejszego,*

*najmiłosierniejszego.*

# Dedykacja

Tę pracę dedykujemy naszym nauczycielom i rodzicom. Mamy nadzieję, że to osiągnięcie dopełni marzenie naszych rodziców, którzy postanowili zapewnić nam jak najlepsze wykształcenie i spełnić oczekiwania naszych nauczycieli.

# Podziękowania

Słowa są związane, a wiedza ogranicza się do wychwalania WSZYSTKIEGO ALLAHA, Pana Wszechświata, Milosiernego, Miłosiernego, Miłosiernego, który jest całym źródłem wszelkiej pełnej wiedzy i mądrości obdarzonej ludzkością, której błogosławieństwem są cenne owoce moich myśli, a skromny wysiłek w postaci wysiłku (rękopis). Pokój i błogosławieństwo ALLAH być na HAZRAT MUHAMMAD (pokój niech będzie z Nim), pocztowy Allaha, największy reformator społeczny, przyczyna stworzenia wszechświata i który jest na zawsze źródłem wiedzy i pochodnią wskazówek dla ludzkości.

Uważamy za naszą największą przyjemność skorzystać z tej okazji, aby wyrazić wdzięczność naszym wielebnym nauczycielom, za ich cenne i zręczne prowadzenie, krytykę naukową, niestrudzoną pomoc, współczującą postawę, miłe zachowanie, moralne wsparcie i oświecony nadzór podczas nauki.

Na koniec chcielibyśmy serdecznie podziękować naszym adoratorom PARENTS za ich modlitwy w dzień i w nocy, ofiary, zachęty, wsparcie moralne i finansowe.

**Ghulam Habib.**

**Naveed Ahmad**

# Streszczenie

Projekt ten skupia się na modelowaniu pętli syntezy amoniaku. Modelowanie zostało wykonane na innym oprogramowaniu, a następnie porównywane są wyniki. Używane oprogramowanie obejmuje Aspen hysysys, Aspen plus i Matlab.

Amoniak jest niezbędnym składnikiem nawozów azotowych. Ponad 80 % produkowanego amoniaku jest wykorzystywane jako nawóz. Amoniak w przemyśle wytwarzany jest w procesie Habera, który polega na wiązaniu wodoru w reakcji egzotermicznej. Proces ten nie zmienił się od ponad wieku, jednak postęp w dziedzinie projektowania reaktorów i katalizatorów uczynił ten proces bardziej ekonomicznym.

Obecnie typowy przemysł nawozowy wykorzystuje konwerter Haldor Topsoe serii S-300 z 15-procentową konwersją jednoprzebiegową. Reaktor posiada dwa wewnętrzne wymienniki ciepła, które wykorzystują zasilanie jako chłodziwo. Reaktor pracuje w zakresie ciśnień 240-250 kg/cm2 i temperaturze 400-500 $^{o}C$. Ponieważ wymienniki ciepła są istotną częścią pracy reaktora, zostały one zasymulowane poprzez obliczenie współczynników przenikania ciepła w jego rurze i powłoce. Całkowity współczynnik przenikania ciepła uzyskuje się z współczynników przenikania ciepła folii, oporu cieplnego powłoki i współczynnika zabrudzenia. Trzy łóżka są traktowane jako trzy oddzielne reaktory przepływowe podłączone szeregowo. Przy projektowaniu reaktorów stosuje się równania szybkości. Ponadto projektowane są również agregaty chłodnicze, chłodnie i kotły służące do schładzania i skraplania amoniaku.

Wpływ temperatury i ciśnienia na szybkość reakcji badany jest wzdłuż długości łóżek. Celem modelowania jest symulacja procesu i określenie najbardziej odpowiednich warunków pracy. Warunki te są wybierane na podstawie kompromisu pomiędzy kosztem, stopniem reakcji i konwersją.

## SPIS TREŚCI

# Lista rysunków

# Wykaz tabel

# Nomenklatura

| | |
|---|---|
| N2 | Azot |
| H2 | Wodór |
| Ar | Argon |
| NH3 | Amoniak |
| dH | Zmiana w entalpii |
| K | Temperatura w Kelwinie |
| P | Ciśnienie |
| Pcompon | Ciśnienie częściowe części składowych |
| X | Frakcja kretowa |
| N | Krety |
| M | Waga cząsteczkowa |
| t/d | Przepływ masy (tony/dzień) |
| C | Temperatura w stopniach Celsjusza |
| R | Idealna stała gazowa |
| V | Objętość |
| Cp | Ciepło właściwe |
| M | Masowe natężenie przepływu |
| dT | Różnica temperatur |
| Q | Ciepło |
| LMTD | Dziennik Średnia różnica temperatur Różnica temperatur |
| U | Całkowity współczynnik przenikania ciepła |
| A | Obszar |

| | |
|---|---|
| W | Praca |
| K.E. | Energia kinetyczna |
| P.E. | Potencjalna energia |
| O | Kryteria Schweitzera |
| $\rho$ | Gęstość |
| D | Średnica |
| L | Długość |
| $\mu$ | Lepkość |
| Kp | Równowaga Stała |
| DG | Wolna energia Gibbsa |
| R | Szybkość reakcji |

# Rozdział 1
# Wprowadzenie

## 1.1 Cele projektu

a Podstawowe rozumienie procesu syntezy amoniaku

b Zrozumienie celu modelowania

c Bilans masowy i bilans energetyczny

d Projektowanie urządzeń

e Opracowanie modeli

## 1.2 Dane

Wszystkie dane do obliczeń zostały zebrane z literatury.

## 1.3 Amoniak

### 1.3.1 Historia produkcji amoniaku

Amoniak jest obecnie jednym z głównych produktów przemysłu, a jego roczna produkcja na całym świecie wynosi około 160 milionów ton w 2010 roku. Jeśli spojrzymy na historię, okaże się, że synteza amoniaku była głównym tematem badań na początku XIX wieku. Wynikało to z rewolucji przemysłowej i związanego z tym wzrostu liczby ludności, który przyniósł duże zapotrzebowanie na nawozy azotowe. W tym czasie, źródła tych nawozów: saletry, saletry chili i guano. W XX wieku amoniak produkowano jako produkt uboczny w koksowniach i gazowniach.

Innym czynnikiem, który odgrywa ważną rolę w tworzeniu przemysłu amoniakalnego na początku XX wieku, było jego zapotrzebowanie w czasie I wojny światowej na wykorzystanie w materiałach wybuchowych.

*Tabela 1.3. 1 Dane dotyczące energii*

| | Wartość dla N2 (kJ/mol) | Porównaj z (kJ/mol) |
|---|---|---|
| *Energia dysocjacji wiązań* | 945 | C-H w CH4: 439 |
| *Enthalpy jonizacyjna* | 1503 | O2: 1165 |
| *Elektroniczne powinowactwo* | 34900 | O2: 43 |

W 1910 r. podjęto próby produkcji amoniaku w wysokiej temperaturze do 1000 stopni. C. i temperatury atmosferycznej, ale bardzo mało amoniaku wyprodukowano do 0,01 % przy bardzo wysokich kosztach. Dane te przekonały wielu naukowców, że bezpośrednia produkcja amoniaku jest niemożliwa. Inne badane procesy obejmowały proces łuku elektrycznego, w którym temperatura wynosiła 3000 stopni. C., ale zapotrzebowanie na energię było bardzo wysokie, a proces cyjanamidu wymagał reakcji z węglikiem wapnia. Ale ponieważ naukowcom udostępniono bardziej wiarygodne dane termodynamiczne, naukowcom stało się jasne, że rozwiązanie problemu jest możliwe przy niższej temperaturze i wyższym ciśnieniu dzięki zastosowaniu odpowiedniego katalizatora. Jednym z tych naukowców był Haber, który zaproponował, aby proces recyklingu dla produkcji z wymiennikami ciepła na ścieki paszowe. Wiedział, że 100% plonów jest nieekonomiczne. W krótkim czasie w 1913 r. Haber opracował w BASF proces handlowy we współpracy z firmą Bosch i Mittasch o wydajności 30 t/dobę.

Teraz dostępne są rośliny dzienne o wydajności ponad 3000-4000 t/dobę. [1]

### 1.3.2 Właściwości fizyczne

Amoniak jest bezbarwnym związkiem nieorganicznym zawierającym azot i wodór w stosunku 1:3 i wzór NH3. W warunkach atmosferycznych jest to gaz o ostrym zapachu i jest toksyczny w przyrodzie. Amoniak ma temperaturę wrzenia -33OC i temperaturę krzepnięcia -77OC przy ciśnieniu atmosferycznym. Przechowywany głównie w postaci płynnej w przemyśle pod wysokim ciśnieniem w butli itp. Domowy amoniak jest głównie roztworem wodnym. Wynika to z faktu, że dzięki wiązaniom wodorowym jest wysoce rozpuszczalny w wodzie. Rozpuszczalność amoniaku w wodzie wynosi 4,82 X 10+5 mg/L przy 24 stopniach. C. Lepkość amoniaku wynosi 0,255 cP przy -33,5 stopniach. C. Jest lżejszy od powietrza o masie molowej 17,031 g/mola i gęstości 0,73 kg/m3. [16]

### 1.3.3 Wykorzystanie amoniaku

Większość produkowanego na świecie amoniaku jest wykorzystywana do produkcji nawozów azotowych, których udział w całkowitej produkcji wynosi około 85 %. Jednak w przemyśle amoniak może być stosowany jako paliwo i jego dodatek, środek zapobiegający osadzaniu się kamienia, inhibitor korozji, czynnik chłodniczy, środek utleniający/redukujący, regulator procesu i rozpuszczalniki. Inne zastosowania obejmują opakowania spożywcze, uzdatnianie wody, toner atramentowy i produkty papiernicze. [1]

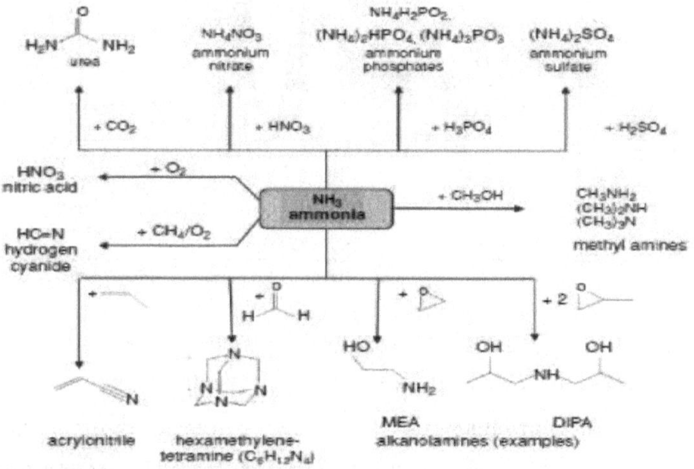


*Rysunek 1.3.3.3 Zastosowanie amoniaku*

### 1.3.4 Rozwój przemysłu

Ze względu na niedawny wzrost liczby ludności, popyt na nawozy wzrósł kilkakrotnie. Doprowadziło to do zaprojektowania większych instalacji o wydajności do 4000 ton/d. Znajduje to odzwierciedlenie na rysunku 1.3.4. [1]

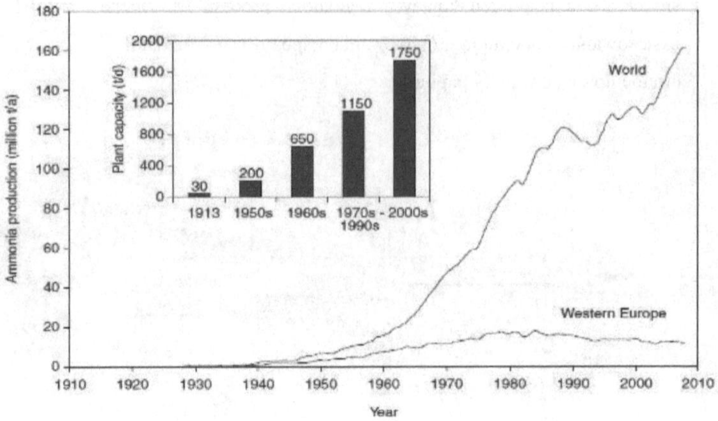


*Rysunek 1.3.4 Wzrost produkcji amoniaku i średnie moce przerobowe instalacji jednoskładnikowych*

## 1.4 Proces produkcyjny

Amoniak jest dziś produkowany w procesie Habera. Polega ona na egzotermicznej reakcji wodoru i azotu w stosunku 3 do 1, jak pokazano poniżej.

$$3H_2 + N_2 \rightarrow 2NH_3 \quad \Delta H_{298} = -92.22\ kJ/mol$$

Optymalne warunki dla procesu to

- 675 K Wlot
- 720-770 K Wylot
- 100-250 barów

Reakcja ta jest najczęściej przeprowadzana w reaktorach wielozłożowych, a ciepło jest odzyskiwane przez międzyzłożowy wymiennik ciepła i poprzez hartowanie. Przemysł wykorzystuje trzy reaktory z dwoma międzyzakładowymi wymiennikami ciepła. W czasie reakcji ciepło jest uwalniane wraz z jest wywierane przez przychodzący zimny pasza. Uzyskuje się jednoprzebiegową konwersję około 15% przy użyciu amoniaku w procentach molowych.

Materiałem zasilającym jest wodór i azot, który jest wytwarzany z gazu ziemnego. Gaz ziemny przechodzi przez szereg procesów, które obejmują

- Odsiarczanie

- Reforma podstawowa
- Reforma wtórna
- Reakcja na wysokie przesunięcie temperatury
- Reakcja na przesunięcie temperatury niskiej/średniej
- Mycie dwutlenkiem węgla
- Metanizacja
- Kompresja
- Pętla amoniakalna (reaktor amoniakalny)

Proces odsiarczania polega na usuwaniu związków siarki z gazu ziemnego. Gaz wodorowy jest mieszaniną pasz, która jest przekazywana przez złoża ZnO do ukrytych siarczków organicznych do H2S, a H2S do wody.

Reforma w procesie endotermicznym stosowana do konwersji metanu w dwutlenek węgla, tlenek węgla, wodór. Gaz miesza się z parą wodną i przechodzi przez reformer pierwotny i wtórny, w którym katalizatorem jest Ni. Pierwotny reformator to piec z palnikami pracującymi w temperaturze około 1000 stopni. C. i reformator wtórny pracuje automatycznie w temperaturze 1300 stopni. C. Obie pracują przy ciśnieniu 35 barów.

Reakcja przesunięcia jest egzotermiczna i zachodzi w zakresie 200-300 stopni. C i 30 barów. Wykorzystuje Cu jako katalizator i obejmuje reakcję pary wodnej z tlenkiem węgla na dwutlenek węgla.

Mycie polega na usunięciu dwutlenku węgla przy użyciu rozpuszczalnika takiego jak MDEA, a metanizacja obejmuje konwersję nieusuniętego dwutlenku węgla i tlenku węgla do metanu, aby uniknąć zatrucia katalizatora.

Pętla amoniakalna składa się z konwertera amoniaku i serii wymienników ciepła.

Zalety pętli gazowej Syn - 100-procentowy odzysk reaktantów i ich recykling. Nawet gaz płuczący jest przetwarzany w celu odzyskania nieprzereagowanego wodoru i azotu do ponownego wykorzystania. Jednak w przypadku konwersji 15% amoniaku mola osiągnięto, a recykling sprawia, że proces ten jest opłacalny. Optymalnym warunkiem jest kompromis między przeliczaniem a kursem, który będzie dalej omawiany. [1]

# Rozdział 2

# Przegląd literacki

## 2.1 Reaktory amoniakalne

Jak wspomniano powyżej, amoniak produkowany jest w wyniku reakcji azotu i wodoru poprzez przejście przez złoże katalizatora, które w większości oparte jest na żelazie. Reaktory klasyfikowane są na podstawie metody przepływu lub chłodzenia. Metody chłodzenia to

- Bezpośrednie chłodzenie, które polega na dodawaniu zimnego zasilania na różnych wysokościach w reaktorze. Nazywa się je również reaktorami gaszącymi.
- Pośrednie chłodzenie, które obejmuje wymienniki ciepła pomiędzy łóżkami.

Pośrednie chłodzenie ma tę zaletę, że czynnikiem chłodzącym może być gaz zasilający lub para o wysokim ciśnieniu. W ostatnim przypadku reaktor i wymienniki nie są montowane razem, ale poszczególne złoża katalizatorów znajdują się w oddzielnych zbiornikach. Ciepło odzyskiwane jest w najwyższej możliwej temperaturze, jednak koszt kapitałowy jest wyższy. [1]

### 2.1.1 ICI Quench Reactor

Reaktor ICI quench jest widoczny na zdjęciu. Pasza jest wprowadzana z góry, która przechodzi przez przestrzeń pierścieniową pomiędzy złożem katalizatora a skorupą. Funkcja ta jest używana do utrzymania czystości powłoki, a następnie gaz jest podgrzewany w wymienniku przed wejściem do złoża. Pozostała część paszy dodawana na wlocie do drugiej i trzeciej strefy katalizatora w celu obniżenia temperatury. Pojedyncze łoże katalizatora

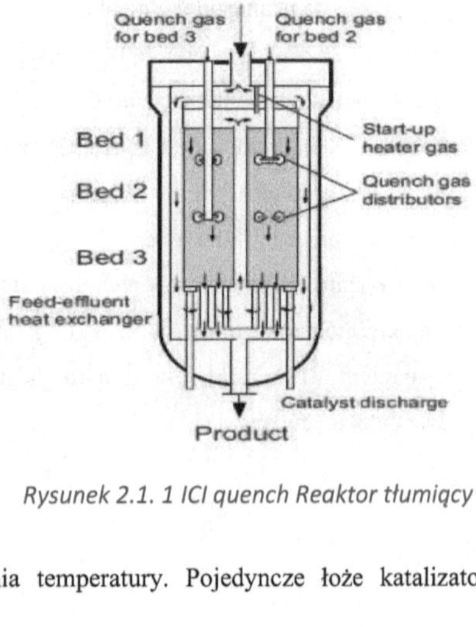


*Rysunek 2.1. 1 ICI quench Reaktor tłumiący*

posiada 3 strefy oddzielone rozdzielaczami gazu. Gaz odlotowy opuszcza reaktor w temperaturze około 500 K po przejściu przez wymiennik ciepła zasilający ścieki.

### 2.1.2 Reaktor Kellogg Quench Reactor

Pionowy Kellogg posiada cztery łóżka, które utrzymywane są na oddzielnych siatkach. Gaz chłodzący jest rozprowadzany pomiędzy przestrzenie łóżka. Zasilanie jest wprowadzane od dołu i przepływa w górę pomiędzy łóżkami katalizatora a skorupą. Gdy osiągnie szczyt, jest wstępnie podgrzewany przez wymiennik ciepła z odpływem wody zasilającej. Produkt jest również otrzymywany z góry.

Inna konstrukcja Kellogg to konwerter poziomy wykorzystujący schemat przepływu krzyżowego. Ten wzór przepływu zapewnia większą powierzchnię styku w celu osiągnięcia wysokiej wydajności. Reaktor ten może być wykorzystywany w instalacjach o wydajności powyżej 1700 t/dobę, a jego zaletą jest niższy spadek ciśnienia. Zastosowanie układu pionowego z mniejszymi cząsteczkami katalizatora w przepływie osiowym może prowadzić do zwiększenia powierzchni styku, ale zwiększyć spadek ciśnienia.

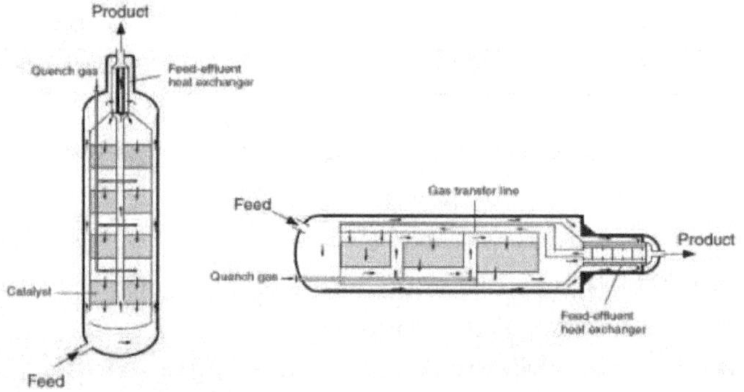


*Rysunek 2.1. 2 Reaktor hartowniczy Kellogg; pionowy (lewy) i poziomy (prawy)*

### 2.1.3 Reaktory Haldor Topsoe Quench

Reaktory Haldor Topoe to przeważnie reaktory promieniowe. Przykład tego przedstawiono na rysunku. Posiada dwa pierścieniowe łóżka katalityczne. Gaz płynie w kierunku promieniowym. Pasza jest wprowadzana od góry. Przechodzi przez pierścień i jest wstępnie podgrzewany z wymiennika ciepła z odpływu wody zasilającej. Po wymienniku zasilanie przechodzi przez linię centralną i jest

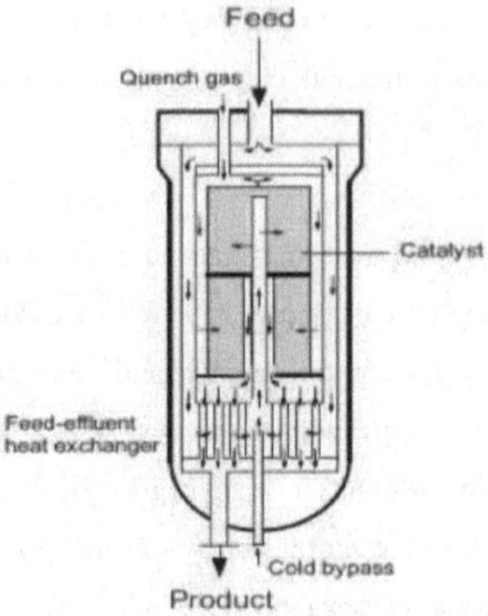


*Rysunek 2.1.3 Dławik Haldor Topsoe z przepływem promieniowym*

wprowadzane promieniście w górnym złożu. Następnie pasza przechodzi w dół wokół dolnej warstwy złoża, aby przepłynąć promieniście do wewnątrz wraz z gazem hartowniczym.

### 2.1.4 Chłodzone pośrednio reaktory Haldor Topsoe

Reaktory Haldor Topsoe i Kellogg są dostępne w konfiguracji pośredniego chłodzenia. Ale Haldor Topsoe są najczęściej spotykane.

*Tabela 2.1.4 Typy reaktorów Haldor Topsoe*

| **Typ** | **Liczba łóżek** | **Chłodzenie w łóżku międzystopniowym Chłodzenie** |
|---|---|---|
| S-200 | 2 | Wymiennik ciepła |
| S-50 | 1 | Nie |
| S-300 | 3 | Wymiennik ciepła |

Reaktor serii S-300 jest obecnie najczęściej używany. Zawiera dwa wewnętrzne wymienniki ciepła. Główne zasilanie jest wprowadzane od dołu i przesuwa się w górę wzdłuż krawędzi reaktora do góry. Część doprowadzenia wykorzystywana jest jako czynnik chłodzący dla wylotu drugiego wewnętrznego wymiennika ciepła, który znajduje się na wylocie drugiego złoża. Obie mieszanki paszowe na górze i są wstępnie podgrzewane przez pierwszy wymiennik ciepła obecny na wylocie z pierwszego złoża i wchodzi do pierwszego złoża. Po pierwszym złożu produkt przechodzi przez pierwszy wymiennik ciepła, gdzie jest chłodzony i wysyłany do drugiego złoża. Na wylocie drugiego łóżka

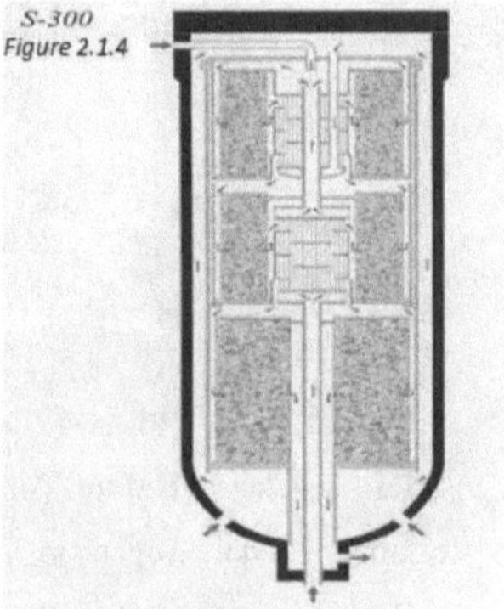

znajduje się drugi wymiennik ciepła. Schłodzony produkt trafia następnie do trzeciego łóżka. [14]

### 2.1.5 Profil temperaturowy reaktora 3-łóżkowego

Profil temperaturowy reaktora podano na poniższym rysunku.

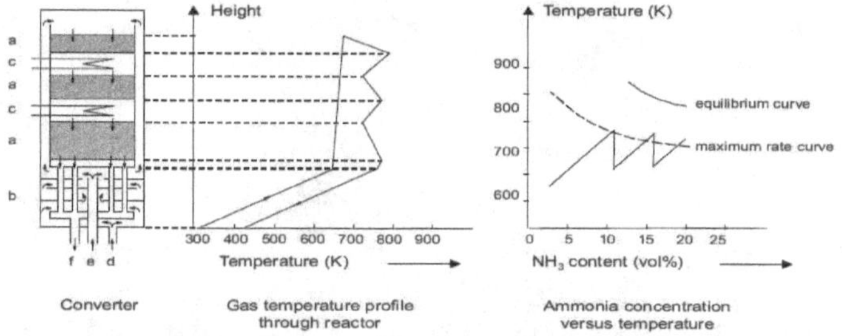


*Rysunek 2.1.5 Schemat konwertera wielokanałowego z chłodzeniem pośrednim.*

Pasza wprowadzana jest od dołu i najpierw trafia do zasilającego wymiennika ciepła z odpływami. Pasza jest wstępnie podgrzewana, a następnie przechodzi przez pierwsze łóżko. Jego temperatura wzrasta z powodu egzotermicznego charakteru reakcji. Kiedy pasza wychodzi z pierwszego złoża, jest chłodzona przez wymiennik ciepła i ponownie wprowadzana do następnego złoża. Cykl ten powtarza się dla trzech łóżek, a produkt opuszcza reaktor.

Ponadto, jak pokazano na rysunku, większość konwersji odbywa się w pierwszym łóżku. Wynika to z faktu, że różnica w stężeniu jest maksymalna. [1]

## 2.2 Termodynamika i równowaga

Znając zasadę le Chateliera wyraźnie wynika, że reakcja ta jest wspierana termodynamicznie przez następujące dwa warunki:

- Niska temperatura
- Wysokie ciśnienie

Szybkość reakcji jest bardzo powolna przy niższej temperaturze. Chociaż dużą konwersję można uzyskać przy niższej temperaturze, ale wymagany czas przebywania będzie bardzo długi.

Podobnie, wyższe ciśnienie daje większą wydajność, ale uzyskanie bardzo wysokiego ciśnienia jest kosztowne nie tylko pod względem poboru mocy przez sprężarkę, ale także konstrukcji urządzeń. Utrzymanie wysokiego ciśnienia wymaga zastosowania grubszego i twardszego materiału, co zwiększa koszty sprzętu.

W związku z tym osiągnięto kompromis między wydajnością a stopniem.

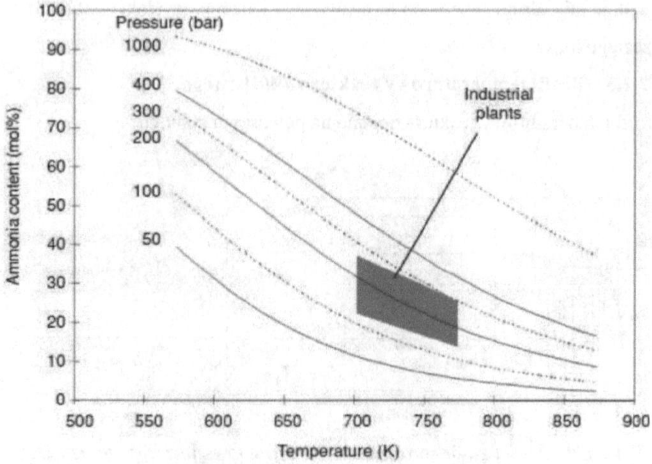


*Rysunek 2.2 a) Zawartość amoniaku w gazie wzorcowym synchronicznym*

Optymalne warunki dla procesu to

- 675 K Wlot
- 720-770 K Wylot
- 100-250 barów

Równowaga jest warunkiem, w którym szybkość reakcji w przód jest równa szybkości reakcji w tył. Przy tej konkretnej temperaturze i ciśnieniu, niezależnie od czasu nie nastąpi zmiana stężenia.

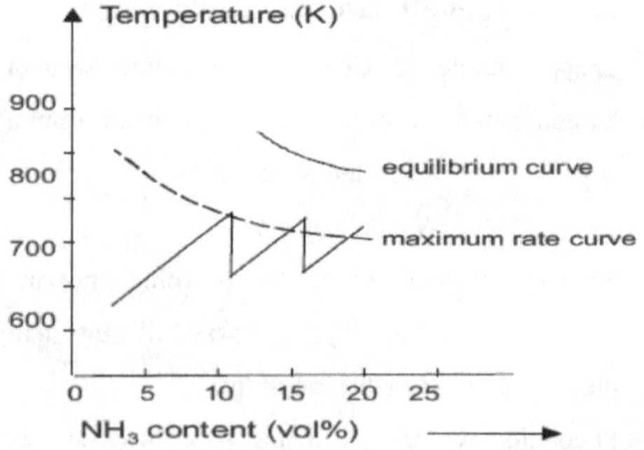


*Rysunek 2.2 b) Stężenie amoniaku w stosunku do temperatury*

Rysunek 2.2 (b) przedstawia warunki pracy i krzywą równowagi reaktora trójwarstwowego z dwoma wymiennikami ciepła. Należy pamiętać, że w przypadku reaktora amoniakalnego temperatura pracy musi być utrzymywana na poziomie niższym niż temperatura równowagi. Wynika to z faktu, że reakcja amoniaku jest egzotermiczna i jeśli temperatura jest wyższa, prowadzi do rozkładu amoniaku.

Różnica pomiędzy warunkami równowagi a warunkami pracy nazywana jest podejściem do równowagi. Większe wartości ATE, bardziej efektywny będzie proces. [1]

## 2.3 Pętla syntezy amoniaku

Ze względu na fakt, że w konwerterze uzyskuje się konwersję amoniaku w ilości około 15 % na mol, strumień produktu zawiera dużą ilość paszy. Ta pasza musi być oddzielona i poddana recyklingowi. Można to zrobić poprzez kondensację amoniaku, dla którego istnieją różne układy.

We wszystkich tych przypadkach amoniak jest oddzielany w skraplaczu, który usuwa amoniak w stanie ciekłym. Różnica polega na umiejscowieniu dodatku paszy i umiejscowieniu kondensacji amoniaku. Jeśli gaz zasilający jest wolny od trucizny katalizatora, takiej jak woda, tlenek węgla, dwutlenek węgla i siarkowodór, może być wysłany bezpośrednio do reaktora, tak jak w przypadku rysunku 2.3a. Wynika to z faktu, że najniższe stężenie amoniaku będzie tam przy wejściu.

Jeżeli pasza nie jest czysta, etap kondensacji jest częściowo lub całkowicie obecny pomiędzy gazem zasilającym a wlotem reaktora. Ma to na celu usunięcie zanieczyszczeń, które rozpuszczają się w cieczy amoniakalnej. Rysunek 2.3 b przedstawia najprostszą formę tej koncepcji, która ma tę wadę, że amoniak musi być sprężony gazem zasilającym. Można tego uniknąć poprzez schemat c na rysunku, na którym gaz recyrkulacyjny jest sprężany po oddzieleniu amoniaku, ale koncepcja ta ma wadę oddzielenia przy niższym ciśnieniu, co skutkuje wyższym stężeniem amoniaku na wlocie reaktora. Można tego uniknąć dzięki schematowi d, który obejmuje dwa separatory.

Najczęściej preferuje się przypadki c i d, tak aby nawet w przypadku braku zanieczyszczeń w paszach, w przypadku niekorzystnych warunków można było uniknąć zatrucia katalizatora. [1]

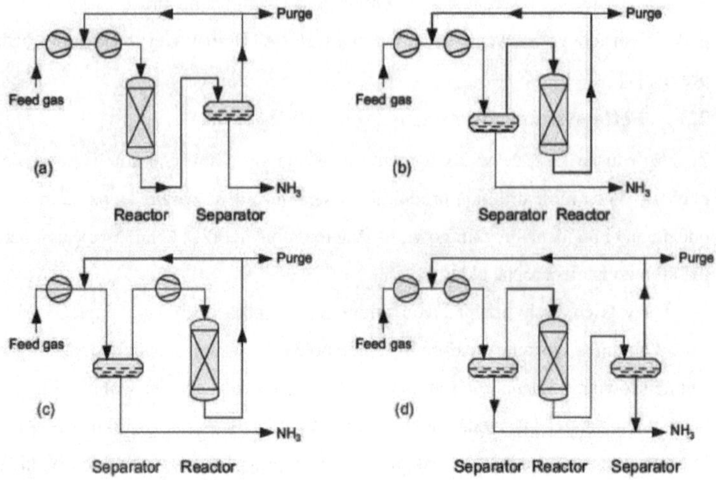


*Rysunek 2.3 Typowe układy pętli syntezy amoniaku; a) gaz zasilający czysty i suchy; b) odzysk amoniaku po sprężaniu w obiegu; c) odzysk amoniaku przed sprężaniem w obiegu; d) dwa etapy kondensacji produktu*

## 2.4 Katalizator do syntezy amoniaku

Katalizator przyspiesza reakcję i obniża wartość energii aktywacji. Co sprawia, że przeprowadzenie tego procesu jest łatwe i tańsze.

Wszystkie dostępne w handlu katalizatory do syntezy amoniaku są obecnie oparte na metalicznym żelazie promowanym za pomocą zasad (potażu) oraz różnych tlenkach metali, takich jak tlenki glinu, wapnia lub magnezu. Głównym materiałem wykorzystywanym do produkcji tych katalizatorów jest zazwyczaj magnetyt (Fe304), przy czym niektóre składniki katalizatora pochodzą jako zanieczyszczenia magnetytu. Typowy katalizator, taki jak ICI Catalyst 35-4, zawiera około 0,8% K20, 2,0% CaO, 0,3% MgO, 2,5% A1203 i 0,4% Si02, a także śladowe ilości Ti02, Zr02 i V20S. Przy opracowywaniu procesu produkcji katalizatorów tego rodzaju uznano, że te drobne komponenty mogą mieć duży wpływ na działanie końcowego katalizatora, ponieważ mogą one również oddziaływać na siebie nawzajem, powodując zarówno szkodliwe, jak i korzystne skutki. W nowoczesnych katalizatorach czynniki te zostały wzięte pod uwagę, co skutkuje zoptymalizowaną wydajnością pod względem wysokiej aktywności i długiej żywotności.

Prawie wszystkie katalizatory syntezy amoniaku są wytwarzane przez stopienie magnetytu wraz z wymaganymi ilościami promotorów w celu wygenerowania jednorodnego stopu. Stopiona mieszanina jest chłodzona poprzez wylewanie jej w postaci płytkiej warstwy, która po zestaleniu ulega rozkładowi i przesiewaniu w celu uzyskania wymaganego zakresu wielkości. Niewymiarowy materiał jest poddawany recyklingowi, a nadwymiarowy materiał jest dalej rozkładany. Przed użyciem katalizator musi zostać zredukowany do stanu metalicznego, albo w katalizatorze, albo poprzez proces wstępnej redukcji i stabilizacji. Katalizatory w kształcie, przygotowane przez spiekanie, były również dostępne w handlu, ale ze względu na ich stosunkowo niską aktywność nie znalazły one powszechnego zastosowania. Zaproponowano również wytrącone katalizatory, ale jak dotąd nie odniosły one sukcesu komercyjnego. [10]

### 2.4.1 Żelazny komponent

Główny składnik katalizatora, żelazo, pozostał niezmieniony od czasu wprowadzenia katalizatora w 1913 r., pomimo licznych badań nad alternatywnymi formulacjami. Ta praca potwierdziła, że żelazo jest zarówno najtańszym, jak i najlepszym metalem do tego celu. Najwcześniejsze badania przeprowadzone przez Habera i jego współpracowników wykazały, że inne metale, takie jak osm i uran, są bardziej skuteczne niż nieromowane żelazo, ale są one znacznie bardziej kosztowne i stanowią również zagrożenie dla zdrowia. Czyste żelazo jest stosunkowo słabym katalizatorem, który szybko traci swoją aktywność, chyba że obecne są inne tlenki promotora. Podczas wczesnych żmudnych poszukiwań akceptowalnego komercyjnego katalizatora syntezy amoniaku przez Mittascha i współpracowników, odkryto, że naturalny magnetyt z Gollivare w Szwecji miał niezwykłą aktywność w zakresie syntezy amoniaku, podczas gdy syntetyczna próbka magnetytu, wolna od naturalnych zanieczyszczeń, była raczej słaba. Było to być może przypadkowe, ponieważ wśród zanieczyszczeń w tej konkretnej próbce magnetytu znalazły się zarówno aluminium, jak i potas - kluczowe promotory w katalizatorach syntezy amoniaku. Fakt ten został szybko ustalony przez analizę chemiczną, a późniejsze prace doprowadziły do opracowania tzw. katalizatora "podwójnie promowanego".

W zasadzie, każdy tlenek żelaza byłby skuteczny jako źródło żelaza, pod warunkiem, że promotory mogą tworzyć roztwór stały w sieci tlenkowej. Jednak w praktyce tylko magnetyt, Fe304, jest używany w dużym stopniu.

Magnetyt ma strukturę spinel składającą się z sześciennego opakowania jonów tlenu, w szczelinach których rozkładają się jony Fe2+ i Fe3+. Kryształy magnetytu w nieredukowanym katalizatorze są stosunkowo duże jak na standardy katalityczne, sięgające do mikrona lub nawet więcej. Jednak podczas redukcji tlen jest usuwany z sieci krystalicznej bez skurczu, więc metaliczne żelazo otrzymuje się jako pseudomorf oryginalnego magnetytu. Metaliczne żelazo produkowane w ten sposób jest zatem niezwykle porowate, a sposób, w jaki rozwija się porowatość, jest ważnym czynnikiem wpływającym na aktywność końcowego katalizatora. Innym ważnym czynnikiem jest wielkość poszczególnych kryształów żelaza wytwarzanych podczas redukcji. Jest to w dużej mierze uzależnione od charakteru i ilości obecnych promotorów oraz oczywiście od rzeczywistych warunków podczas redukcji. Skanowanie zdjęć pod mikroskopem elektronowym (SEM) przy zwiększających się powiększeniach, pokazujących zarówno porowatość, jak i pseudomorficzną naturę zredukowanego katalizatora.

Wczesne odkrycia, choć zasadniczo empiryczne, są nadal bardzo istotne dla współczesnego katalizatora syntezy amoniaku. Badania od czasów Mittascha koncentrowały się głównie na kinetyce i mechanizmie, w wyjaśnianiu promowania działania drobnych składników i działania trucizn. W wyniku badań rentgenowskich i mikroskopowych uzyskano dość kompleksowy obraz działającego katalizatora, na podstawie którego zidentyfikowano różne fazy krystaliczne. Wybrane badania absorpcji gazu dostarczyły również dodatkowych informacji na temat rozkładu składników w obrębie zredukowanego katalizatora, a ostatnie badania z wykorzystaniem nowoczesnych technik powierzchniowych przyczyniły się do lepszego zrozumienia mechanizmu reakcji i sposobów promocji.

### 2.4.2 **Promotorzy**

Kluczem do sukcesu komercyjnego katalizatora syntezy amoniaku na bazie żelaza jest włączenie kilku tlenków metali w strukturę magnetytu, które wspierają aktywność i poprawiają stabilność działającego katalizatora. Najważniejsze z nich to tlenek glinu i potaż, które generują tzw. katalizator "podwójnie promowany", ale można również dodać kilka innych tlenków. Obejmują one tlenek wapnia, krzemionkę, magnezję oraz, w mniejszym stopniu, tlenki manganu, chromu, cyrkonu i wanadu. Tacy promotorzy są wygodnie klasyfikowani jako "strukturalni" lub "elektroniczni", w zależności od przyjętego sposobu działania.

## 2.5 Zatrucie katalizatorem

Katalizator syntezy amoniaku ma zazwyczaj znacznie dłuższą żywotność niż inne katalizatory stosowane w instalacji amoniakalnej, a wiele roślin zaprojektowano w taki sposób, że katalizator jest wymieniany tylko co 5-10 lat. Niemniej jednak utrata aktywności następuje przez różne mechanizmy, które są wspólne dla wszystkich katalizatorów. Dezaktywacja może nastąpić poprzez termiczne spiekanie, które jest powolnym, postępującym procesem prowadzącym stopniowo do utraty powierzchni żelaza, a tym samym aktywności. Może również powstać w wyniku zatrucia związkami utlenionymi, takimi jak woda, tlenek węgla i dwutlenek węgla. Jednakże utrata aktywności wynikająca z narażenia na działanie tych związków jest w dużej mierze odwracalna, pod warunkiem, że ciśnienie cząstkowe tlenanu jest niskie, a okres narażenia nie przekracza kilku dni.

Bardziej tradycyjne trucizny, takie jak siarka i chlor, nieodwracalnie oddziałują na katalizator. W trakcie procesu redukcji ogólna powierzchnia katalizatora stale wzrasta, ale powierzchnia elementu metalowego zwiększa się szybciej pod koniec redukcji, z odpowiednim wzrostem aktywności katalitycznej. Sugeruje to, że powierzchnia katalizatora jest raczej niejednorodna, a najbardziej aktywne miejsca z żelazem są ostatnimi, które mają być zmniejszone, udostępniane poprzez usunięcie pozostałości atomów tlenu. Najbardziej aktywna część katalizatora może zatem stanowić jedynie niewielką część całkowitej powierzchni żelaza. Jest to zgodne z dużą wrażliwością strukturalną na syntezę amoniaku zgłaszaną przez wiele grup pracowników naukowych, chociaż obecność potażu w komercyjnym katalizatorze nieco komplikuje sytuację.

Dalsze dowody na to, że udział powierzchni czynnej jest niewielki, dostarcza wrażliwość katalizatora na stosunkowo niskie poziomy trucizn gazowych, takich jak tlen, siarka, arsen, fosfor i chlor. Bardzo małe ilości tych związków mają drastyczny wpływ na aktywność katalizatora. Katalizatory w działających zakładach, które straciły aktywność w wyniku zatrucia, w momencie zrzutu zawierają mniej niż 0,1% siarki. Jednakże znaczące efekty wywołują znacznie mniejsze ilości siarki, na przykład około 0,0l% siarki, która na świeżo zredukowanym katalizatorze o rozmiarze krystalitu 40 nm odpowiada mniej niż 1% zasiarczonej powierzchni żelaza.

Zatrucie katalizatorów syntezy amoniaku jest zwykle rozważane w kategoriach permanentnej i czasowej dezaktywacji, w zależności od charakteru trucizny i warunków, w jakich była podawana.

# Rozdział 3

# Opis procesu

## 3.1 Pętla syntezy amoniaku

Badana przez nas synteza amoniaku składa się z reaktora pośredniego chłodzonego S-300 Haldor Topsoe, który posiada dwa wewnętrzne wymienniki ciepła, co zostało szczegółowo omówione w poprzednich sekcjach. Pętla posiada szereg wymienników ciepła i wirówkę do kompresora stopniowego.

Są dwa kanały. Jednym z nich jest odzyskany wodór, który składa się z około 90 % molowego wodoru odzyskanego z gazu oczyszczonego oraz gazu syntezowego, który jest głównie mieszaniną wodoru i azotu w stosunku 3:1. Oba te kanały są mieszane i wprowadzane do sprężarki gazu zsynchronizowanego. Jest to wielostopniowa sprężarka, która spręża gaz do ciśnienia około 240 bar, a następnie wprowadza go po 7. i 8. wymianie ciepła. Odbywa się to po oczyszczeniu, dzięki czemu cenny gaz zasilający nie jest tracony, a przed 8. wymiennikiem, dzięki czemu w przypadku pozostawienia jakichkolwiek śladów wody można je usunąć. Po oddzieleniu amoniaku gaz technologiczny jest ponownie sprężany w ostatnim etapie sprężarki do ciśnienia 250 bar i wstępnie podgrzewany z wylotu reaktora do temperatury 300 °C. Gaz technologiczny jest następnie wstępnie podgrzewany w wymiennikach ciepła reaktora.

Po wyprodukowaniu amoniaku produkt jest chłodzony seryjnie za pomocą wymienników ciepła w celu skroplenia ammii i powtórnego przetworzenia nieprzetworzonego gazu. Czynnikiem wykorzystywanym do chłodzenia jest woda i ciekły amoniak z oddzielnej pętli chłodniczej.

Oczyszczanie jest usuwane w celu gromadzenia się gazów obojętnych, głównie argonu. Oczyszczanie jest przetwarzane w amoniaku i odzyskiwaniu wodoru. Amoniak jest odzyskiwany poprzez absorpcję w wodzie, podczas gdy wodór jest odzyskiwany poprzez chłodzenie. Odzyskany wodór jest ponownie wprowadzany do kompresora gazu syn.

Część gazu zasilającego jest również przesyłana do procesu odsiarczania, co umożliwia usunięcie organicznej zawartości siarki.

*Tabela 3.1 Płyny w wymienniku ciepła*

| Wymiennik ciepła | Strona rury | Sprzedaj stronę |
|---|---|---|
| Kocioł 1 | Produkt Gaz z reaktora | Woda zasilająca kocioł Woda z kotła |
| Kocioł 2 | Produkt Gaz z reaktora | Woda zasilająca kocioł Woda z kotła |
| Podgrzewacz paszowy | Produkt Gaz z reaktora | Gaz zasilający z ostatniego etapu kompresora |
| Wymiennik zimnej wody | Produkt Gaz z reaktora | Woda chłodząca Woda |
| Pierwsza chłodnica | Produkt Gaz z reaktora | Gaz z separatora po drugiej chłodnicy. |
| Pierwszy agregat chłodniczy | Produkt Gaz z reaktora | Płynny amoniak z pętli chłodniczej |
| Druga chłodnica | Produkt Gaz z reaktora | Gaz z separatora |
| Drugi agregat chłodniczy | Produkt Gaz z reaktora | Płynny amoniak z instalacji chłodniczej po pierwszym schłodzeniu |

## 3.2 Sprzęt

Głównymi jednostkami procesowymi w pętli są

- Pojedynczy reaktor
- Osiem wymienników ciepła
- Pojedynczy separator
- Sprężarka jednostopniowa jednostopniowa

Reaktor, o którym mowa powyżej, to chłodzony pośrednio konwerter Haldor Topsoe serii S-300.

Wymienniki ciepła to przeważnie wymienniki płaszczowo-rurowe o zakresach temperatur w przybliżeniu podanych w tabeli 3.2.

*Tabela 3.2 Temperatury w wymienniku ciepła*

| Wymiennik ciepła | Temperatura boku rury | | Sprzedaż Temperatura boczna | |
|---|---|---|---|---|
| | Wlot °C | Wylot °C | Wlot °C | Wylot °C |
| Kocioł 1 | 443 | 340 | 260 | 321 |
| Kocioł 2 | 340 | 290 | 260 | 308 |
| Podgrzewacz paszowy | 290 | 67 | 42 | 250 |
| Wymiennik zimnej wody | 67 | 36 | 20 | 25 |
| Pierwsza chłodnica | 36 | 30 | 13 | 32 |
| Pierwszy agregat chłodniczy | 30 | 18 | 10 | 9 |
| Druga chłodnica | 18 | 10 | -5 | 13 |
| Drugi agregat chłodniczy | 9 | -5 | -9 | -8 |

Sprężarka jest wielostopniową wirówką zasilaną przez kocioł. Po każdym etapie następuje schładzanie, które wykorzystuje wodę jako czynnik chłodzący. Chłodzenie jest niezbędne do efektywnego sprężania gazu, ponieważ ciśnienie jest wprost proporcjonalne do temperatury.

Separator to tylko statek z demistrem na górze.

## 3.3 Schemat przepływu procesu

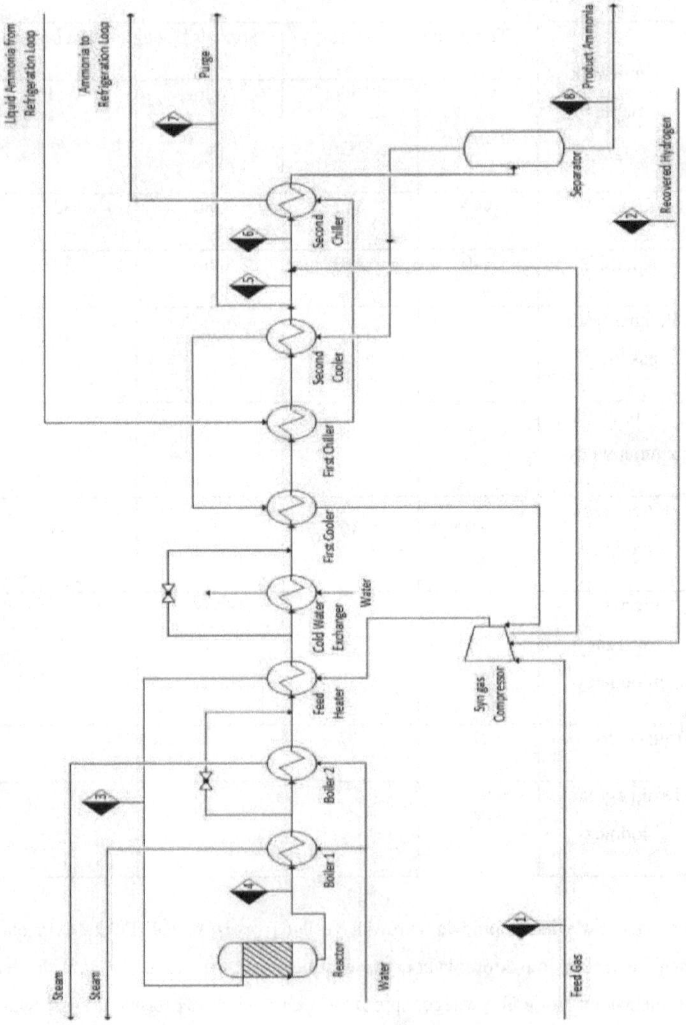


*Rysunek 3.3 Schemat przepływu procesowego*

## 3.4 Chłodzenie produktu

Jednoprzebiegowa konwersja amoniaku w reaktorze wynosi około 15 procent molowych. Pasze zawierają około 4 % molowego amoniaku, a wylot ma około 18-19 % molowego amoniaku, więc reszta gazu musi być poddana recyklingowi. Odbywa się to przy użyciu serii wymienników, jak wspomniano i wyjaśniono powyżej. Produkt amoniak jest chłodzony od temperatury 450 stopni. C do -5 °C w celu skondensowania go i recyklingu gazu zasilającego. Seria wymienników jest wykorzystywana do tego, aby proces był opłacalny i odzyskiwał jak najwięcej ciepła do ponownego wykorzystania. Najbardziej energochłonną częścią chłodzenia jest cykl chłodniczy, w którym jako czynnik chłodzący wykorzystuje się amoniak. Amoniak jest sprężany do około 10 bar i wysyłany do pierwszego agregatu chłodniczego pod ciśnieniem około 7 bar. Przed wejściem do drugiego agregatu chłodniczego, ciśnienie spada bardziej do około 2 barów, aby osiągnąć chłodzenie do -5 °C. Inne chłodnie wykorzystują wodę, parę wodną i gaz jako chłodziwo.

# Rozdział 4

# Bilans materiałowy

## 4.1 Wprowadzenie

Bilans materiałowy opiera się na prawie zachowania masy, które stanowi, że

"Masa nie może być stworzona ani zniszczona, ale zmienia jej formę".

Ogólne równanie bilansu masowego podano jako

Wejście + Generacja = Wyjście + Zużycie + Akumulacja

Jeśli nie ma konsumpcji, wytwarzania i akumulacji, to tak jest.

Input = Output (Wyjście)

Ale w przypadku, gdy wytwarzanie i zużycie komponentów w reaktorze ma miejsce, tak więc

Wejście + Generacja = Wyjście + Konsumpcja

Natężenia przepływu są podawane w Nm3/h, które mogą być przeliczone na przepływ molowy lub masowy przy użyciu idealnego równania i średniej masy molowej.

$$N = PV/RT$$

Gdzie N jest molowym natężeniem przepływu, V jest objętościowym natężeniem przepływu, R jest stałe, P jest ciśnieniem, które jest 1 atm, a T jest temperaturą, która jest 273 K.

W przypadku separatora stosuje się równanie równoczesne. Skład produktów i strumień recyrkulacji są dodawane na podstawie, którego obliczany jest przepływ. [8]

## 4.2 Dane wejściowe pętli

*Tabele 4.2 Dane wejściowe*

| Syn Gas Feed | | | |
|---|---|---|---|
| Kompozycja biegunowa Frakcja | | Przepływ Nm^3/godz. | |
| Nazwa | Frakcja Molarna | Szybkość przepływu | 132981 |
| NH3 | 0 | | |
| H2 | 0.7177 | | |
| Ar | 0.0025 | | |

| | |
|---|---|
| N2 | 0.264 |
| CH4 | 0.0158 |
| **Suma** | **1** |

| Pasza wodorowa | | | |
|---|---|---|---|
| Kompozycja biegunowa Frakcja | | Przepływ Nm3/godz. | |
| Nazwa | Frakcja Molarna | Szybkość przepływu | 14502 |
| NH3 | 0 | | |
| H2 | 0.9053 | | |
| Ar | 0.0054 | | |
| N2 | 0.0838 | | |
| CH4 | 0.0055 | | |
| **Suma** | **1** | | |

| Oczyszczanie | | | |
|---|---|---|---|
| Kompozycja biegunowa Frakcja | | Przepływ Nm3/godz. | |
| Nazwa | Frakcja Molarna | Szybkość przepływu | 23490 |
| NH3 | 0.071 | | |
| H2 | 0.6211 | | |
| Ar | 0.0166 | | |
| N2 | 0.207 | | |
| CH4 | 0.0843 | | |
| **Suma** | **1** | | |

| Recykling paszy | | Produkt | |
|---|---|---|---|
| Kompozycja biegunowa Frakcja | | Kompozycja biegunowa Frakcja | |
| Nazwa | Frakcja Molarna | Nazwa | Frakcja Molarna |
| NH3 | 0.0407 | NH3 | 0.9928 |
| H2 | 0.6595 | H2 | 0.0034 |
| Ar | 0.0131 | Ar | 0.0002 |

| | | | |
|---|---|---|---|
| N2 | 0.2198 | N2 | 0.0016 |
| CH4 | 0.0669 | CH4 | 0.002 |
| **Suma** | **1** | **Suma** | **1** |

## 4.3 Wyjścia danych z pętli

*Tabele 4.3 Dane wyjściowe*

| | |
|---|---|
| **Produkt** | |
| **Przepływ Nm3/godz.** | |
| Szybkość przepływu | 61554.15413 |
| **Przepływ kg/godz.** | |
| Szybkość przepływu | 46627.03183 |
| **Przepływ kmol/godz.** | |
| Szybkość przepływu | 2747.746465 |
| **Recykling do reaktora** | |
| **Przepływ Nm3/godz.** | |
| Szybkość przepływu | 540482.4498 |
| **Przepływ kg/godz.** | |
| Szybkość przepływu | 235455.1571 |
| **Przepływ kmol/godz.** | |
| Szybkość przepływu | 24126.86457 |
| **Moc wyjściowa reaktora** | |
| **Przepływ Nm3/godz.** | |
| Szybkość przepływu | 477703.6955 |

| Przepływ kg/godz. | |
|---|---|
| Szybkość przepływu | 235455.1571 |
| **Przepływ kmol/godz.** | |
| Szybkość przepływu | 21324.45258 |

## 4.4 Obliczenia pętli

**Syn Gas Input**

| Name | Mole Fraction | Molar Mass g/mol | Mass Fraction | Molar Flow (kmol/hr) | Mass Flow (kg/hr) |
|---|---|---|---|---|---|
| $NH_3$ | 0 | 17 | 0 | 0 | 0 |
| $H_2$ | 0.7177 | 2 | 0.156360378 | 4260.414272 | 8520.828543 |
| Ar | 0.0025 | 39.95 | 0.010879541 | 14.8405123 | 592.8784664 |
| $N_2$ | 0.264 | 28 | 0.80522218 | 1567.158099 | 43880.42677 |
| $CH_4$ | 0.0158 | 16 | 0.027537901 | 93.79203775 | 1500.672604 |

| | |
|---|---|
| Syn Gas Volumetric flow Rate (Nm3/hr) | 132981 |
| Mass Flow Rate (ton/hr) | 54.49480639 |
| Average Molecular Weight (g/mol) | 9.180075 |
| Mass Flow Rate (kg/hr) | 54494.80639 |
| Molar Flow (kmol/hr) | 5936.204921 |

**Hydrogen Recovery Input**

| Name | Mole Fraction | Molar Mass g/mol | Mass Fraction | Molar Flow (kmol/hr) | Mass Flow (kg/hr) |
|---|---|---|---|---|---|
| $NH_3$ | 0 | 17 | 0 | 0 | 0 |
| $H_2$ | 0.9053 | 2 | 0.405897689 | 586.0568025 | 1172.113605 |
| Ar | 0.0054 | 39.95 | 0.048362039 | 3.495754704 | 139.6554004 |
| $N_2$ | 0.0838 | 28 | 0.526012558 | 54.24893411 | 1518.970155 |
| $CH_4$ | 0.0055 | 16 | 0.019727713 | 3.560490902 | 56.96785444 |

| | |
|---|---|
| Hydrogen Volumetric flow Rate (Nm3/h | 14502 |
| Mass Flow Rate (ton/hr) | 2.887707015 |
| Average Molecular Weight (g/mol) | 4.46073 |
| Mass Flow Rate (kg/hr) | 2887.707015 |
| Molar Flow (kmol/hr) | 647.3619822 |

## Mixing of Feed (Recovered Hydrogen & Syn Gas)

| Name | Mole Fraction | Molar Mass g/mol | Mass Fraction | Molar Flow (kmol/hr) | Mass Flow (kg/hr) |
|---|---|---|---|---|---|
| $NH_3$ | 0 | 17 | 0 | 0 | 0 |
| $H_2$ | 0.736146704 | 2 | 0.168918048 | 4846.471074 | 9692.942148 |
| Ar | 0.002785157 | 39.95 | 0.012765803 | 18.33626701 | 732.5338669 |
| $N_2$ | 0.246280938 | 28 | 0.791171286 | 1621.407033 | 45399.39693 |
| $CH_4$ | 0.014787201 | 16 | 0.027144863 | 97.35252865 | 1557.640458 |

| | |
|---|---|
| Volumetric flow Rate (Nm3/hr) | 147483 |
| Mass Flow Rate (ton/hr) | 57.3825134 |
| Average Molecular Weight (g/mol) | 8.716021915 |
| Mass Flow Rate (kg/hr) | 57382.5134 |
| Molar Flow (kmol/hr) | 6583.566903 |

## Purge Stream

| Name | Mole Fraction | Molar Mass g/mol | Mass Fraction | Molar Flow (kmol/hr) | Mass Flow (kg/hr) |
|---|---|---|---|---|---|
| $NH_3$ | 0.071 | 17 | 0.117673783 | 74.44930633 | 1265.638208 |
| $H_2$ | 0.6211 | 2 | 0.121105529 | 651.2741431 | 1302.548286 |
| Ar | 0.0166 | 39.95 | 0.064654286 | 17.40645754 | 695.3879785 |
| $N_2$ | 0.207 | 28 | 0.565068143 | 217.0564283 | 6077.579993 |
| $CH_4$ | 0.0843 | 16 | 0.131498259 | 88.39544399 | 1414.327104 |

| | |
|---|---|
| Purge Volumetric flow Rate (Nm3/hr) | 23490 |
| Mass Flow Rate (ton/hr) | 10.75548157 |
| Average Molecular Weight (g/mol) | 10.25717 |
| Mass Flow Rate (kg/hr) | 10755.48157 |
| Molar Flow (kmol/hr) | 1048.581779 |

## Reactor Output

| Name | Mole Fraction | Molar Mass g/mol | Mass Fraction | Molar Flow (kmol/hr) | Mass Flow (kg/hr) |
|---|---|---|---|---|---|
| $NH_3$ | 0.177466473 | 17 | 0.273234115 | 3784.375385 | 64334.38154 |
| $H_2$ | 0.549043365 | 2 | 0.099450353 | 11708.04919 | 23416.09838 |
| Ar | 0.014821573 | 39.95 | 0.053626661 | 316.0619259 | 12626.67394 |
| $N_2$ | 0.182976741 | 28 | 0.464006007 | 3901.878835 | 109252.6074 |
| $CH_4$ | 0.075691849 | 16 | 0.109682863 | 1614.08724 | 25825.39584 |

| | |
|---|---|
| Reactor out Volumetric flow Rate (Nm3/ | 477703.6955 |
| Mass Flow Rate (ton/hr) | 235.4551571 |
| Average Molecular Weight (g/mol) | 11.04155693 |
| Mass Flow Rate (kg/hr) | 235455.1571 |
| Molar Flow (kmol/hr) | 21324.45258 |

## After Purge

| Name | Mole Fraction | Molar Mass g/mol | Mass Fraction | Molar Flow (kmol/hr) | Mass Flow (kg/hr) |
|---|---|---|---|---|---|
| $NH_3$ | 0.182972466 | 17 | 0.280680171 | 3709.926078 | 63068.74333 |
| $H_2$ | 0.545316902 | 2 | 0.098413805 | 11056.77505 | 22113.5501 |
| Ar | 0.0147296 | 39.95 | 0.053098813 | 298.6554684 | 11931.28596 |
| $N_2$ | 0.18173436 | 28 | 0.459168564 | 3684.822407 | 103175.0274 |
| $CH_4$ | 0.075246672 | 16 | 0.108638647 | 1525.691796 | 24411.06874 |

| | |
|---|---|
| Volumetric flow Rate (Nm3/hr) | 454213.6955 |
| Mass Flow Rate (ton/hr) | 224.6996755 |
| Average Molecular Weight (g/mol) | 11.08212208 |
| Mass Flow Rate (kg/hr) | 224699.6755 |
| Molar Flow (kmol/hr) | 20275.8708 |

## Mixing of Feed with Reactor Out

| Name | Mole Fraction | Molar Mass g/mol | Mass Fraction | Molar Flow (kmol/hr) | Mass Flow (kg/hr) |
|---|---|---|---|---|---|
| $NH_3$ | 0.138123743 | 17 | 0.223582863 | 3709.926078 | 63068.74333 |
| $H_2$ | 0.592091551 | 2 | 0.112756117 | 15903.24612 | 31806.49224 |
| Ar | 0.011801875 | 39.95 | 0.044894078 | 316.9917354 | 12663.81983 |
| $N_2$ | 0.197555492 | 28 | 0.526706152 | 5306.22944 | 148574.4243 |
| $CH_4$ | 0.060427338 | 16 | 0.09206079 | 1623.044325 | 25968.70919 |

| | |
|---|---|
| Volumetric flow Rate (Nm3/hr) | 601696.6955 |
| Mass Flow Rate (ton/hr) | 282.0821889 |
| Average Molecular Weight (g/mol) | 10.50216285 |
| Mass Flow Rate (kg/hr) | 282082.1889 |
| Molar Flow (kmol/hr) | 26859.4377 |

## Recycle To Reactor

| Name | Mole Fraction | Molar Mass g/mol | Mass Fraction | Molar Flow (kmol/hr) | Mass Flow (kg/hr) |
|---|---|---|---|---|---|
| $NH_3$ | 0.0407 | 17 | 0.070898331 | 981.9633881 | 16693.3776 |
| $H_2$ | 0.6595 | 2 | 0.135156667 | 15911.66719 | 31823.33437 |
| Ar | 0.0131 | 39.95 | 0.053626661 | 316.0619259 | 12626.67394 |
| $N_2$ | 0.2198 | 28 | 0.630635477 | 5303.084833 | 148486.3753 |
| $CH_4$ | 0.0669 | 16 | 0.109682863 | 1614.08724 | 25825.39584 |

| | |
|---|---|
| Recycle Volumetric flow Rate (Nm3/hr) | 540482.4498 |
| Mass Flow Rate (ton/hr) | 235.4551571 |
| Average Molecular Weight (g/mol) | 9.759045 |
| Mass Flow Rate (kg/hr) | 235455.1571 |
| Molar Flow (kmol/hr) | 24126.86457 |

## Product

| Name | Mole Fraction | Molar Mass g/mol | Mass Fraction | Molar Flow (kmol/hr) | Mass Flow (kg/hr) |
|---|---|---|---|---|---|
| $NH_3$ | 0.9928 | 17 | 0.994602571 | 2727.96269 | 46375.36573 |
| $H_2$ | 0.0034 | 2 | 0.000400726 | 9.34233798 | 18.68467596 |
| Ar | 0.0002 | 39.95 | 0.000470853 | 0.549549293 | 21.95449425 |
| $N_2$ | 0.0016 | 28 | 0.002640079 | 4.396394344 | 123.0990416 |
| $CH_4$ | 0.002 | 16 | 0.001885771 | 5.49549293 | 87.92788687 |

| | |
|---|---|
| Product Volumetric flow Rate (Nm3/hr) | 61554.15413 |
| Mass Flow Rate (ton/hr) | 46.62703183 |
| Average Molecular Weight (g/mol) | 16.96919 |
| Mass Flow Rate (kg/hr) | 46627.03183 |
| Molar Flow (kmol/hr) | 2747.746465 |

## Simultaneous Solution on Separator

| | | | |
|---|---|---|---|
| **Overall Balance** | Feed to Sep. = Recycle + Product | F = R + A | R+A= 282082.1889 |
| **Ammonia Balance** | Ammonia In Separator = Ammonia Recycled + Ammonia Product | FA = RA + PA | RA+ PA= 63068.74333 |

## 4.5 Roztwór reaktora Wprowadzenie

W celu znalezienia konwersji dokonanej w każdym złożu reaktora, stosuje się jednocześnie bilans energetyczny i materiałowy.

Ciepło właściwe każdego ze składników znaleziono za pomocą następującego wzoru

$$Cp = a + bT + cT2 + dT3 + eT4$$

Gdzie a, b, c, d i e są stałymi, a T jest temperaturą w stopniach C lub K.

Ustalając wartość Cp, uwolnione ciepło obliczono według wzoru

$$Q = mCpdT$$

Gdzie Q jest ciepłem uwalnianym w dżulach, m jest masą w kg, a dT jest różnicą temperatur w stopniach Celsjusza.

Należy zauważyć, że zakłada się, że masa pozostaje taka sama w całym złożu.

Uwolnione ciepło jest porównywane z entalpią reakcji, która da nam masę produkowanego amoniaku. Masa ta jest dodawana do początkowej masy wejściowej amoniaku i przy użyciu obliczeń stechiometrycznych znajduje się również zużyta ilość wodoru i azotu. [8]

## 4.6 Rozwiązanie dotyczące reaktora Wejście

### Karmienie wlotu do pierwszego łóżka

| Kompozycja biegunowa Frakcja | | Przepływ Nm3/godz. | |
|---|---|---|---|
| Nazwa | Frakcja Molarna | Szybkość przepływu | 540482.4498 |
| NH3 | 0.0407 | | |
| H2 | 0.6595 | | |
| Ar | 0.0131 | | |
| N2 | 0.2198 | | |
| CH4 | 0.0669 | | |
| | | | |

**Temperature in C**

| Bed Name | Inlet | Outlet | Change |
|---|---|---|---|
| First Bed | 400 | 510 | 110 |
| Second Bed | 464 | 495 | 31 |
| Third Bed | 413 | 440 | 27 |

## 4.7 Rozwiązanie reaktora Moc wyjściowa

**Bed's End Molar Fraction**

| Name | Fraction | First Bed | Second Bed | Third Bed |
|---|---|---|---|---|
| | Molar Fraction | Molar Fraction | Molar Fraction | Molar Fraction |
| $NH_3$ | 0.0407 | 0.127033625 | 0.153731062 | 0.177466473 |
| $H_2$ | 0.6595 | 0.58977442 | 0.568212782 | 0.549043365 |
| Ar | 0.0131 | 0.01418674 | 0.014522799 | 0.014821573 |
| $N_2$ | 0.2198 | 0.196555375 | 0.189367307 | 0.182976741 |
| $CH_4$ | 0.0669 | 0.072449841 | 0.07416605 | 0.075691849 |

**Ammonia Conversion**

| | Conversion Fraction | Conversion % |
|---|---|---|
| In term of Hydrogen | 0.264184635 | 26.41846355 |
| In term of One Pass of Ammonia | 0.136766473 | 13.67664729 |

| Total Ammonia Production Per Day in Metric Tonns | |
|---|---|
| From Calculation | 1113.008778 |

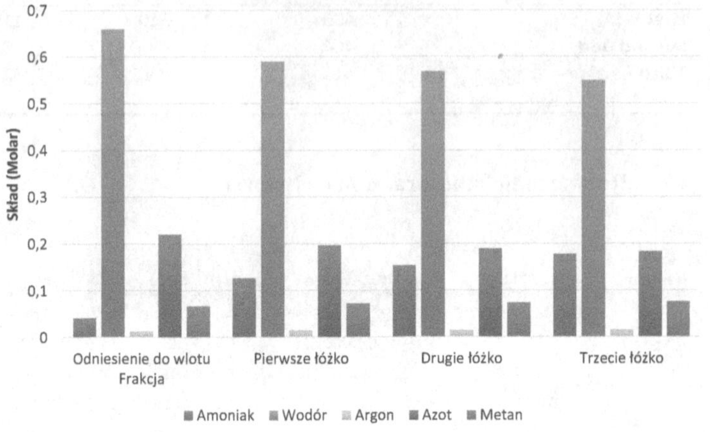


Rysunek 4.7 Frakcja końcowa łóżka typu "End Molar Fraction".

## 4.8 Roztwór reaktora Obliczenia

**Specific Heat Constant**

| Name | a | b | c | d | e |
|---|---|---|---|---|---|
| $NH_3$ | 0.03515 | 0.00002954 | 4.421E-09 | -6.686E-12 | |
| $H_2$ | 0.02884 | 7.65E-08 | 3.288E-09 | -8.698E-13 | |
| Ar | 20.786 | 2.82591E-07 | -1.46419E-07 | 1.09213E-08 | -3.66137E-08 |
| $N_2$ | 0.029 | 0.000002199 | 5.723E-09 | -2.871E-12 | |
| $CH_4$ | 0.03431 | 0.00005469 | 3.661E-09 | -1.1E-11 | |

**Feed to Inlet of First Bed**

| Name | Composition | Molar Mass g/mol | Mass Fraction |
|---|---|---|---|
| $NH_3$ | 0.0407 | 17 | 0.070898331 |
| $H_2$ | 0.6595 | 2 | 0.135156667 |
| Ar | 0.0131 | 39.95 | 0.053626661 |
| $N_2$ | 0.2198 | 28 | 0.630635477 |
| $CH_4$ | 0.0669 | 16 | 0.109682863 |

| Specific Heat KJ/Kg K | Mass at First Bed Tonn/h | Heat Absorb |
|---|---|---|
| 2.779144471 | 16.6933776 | 5103263.885 |
| 14.6705064 | 31.82333437 | 51355087.36 |
| 0.537212761 | 12.62667394 | 746153.1413 |
| 1.093269143 | 148.4863753 | 17856912.95 |
| 3.504235 | 25.82539584 | 9954808.159 |

| Total Heat Absorb KJ |
|---|
| 85016225.5 |

| Specific Heat KJ/Mol K | Specific Heat KJ/Kg |
|---|---|
| 0.047245456 | 2.779144471 |
| 0.029341013 | 14.6705064 |
| 0.02146165 | 0.537212761 |
| 0.030611536 | 1.093269143 |
| 0.05606776 | 3.504235 |

| | |
|---|---|
| **Heat of formation of one kg of ammonia KJ/Kg** | 2705.882353 |
| **Average Molecular Mass g/Mol** | 9.759045 |
| **Volumetric Flow Rate Nm3/hr** | 540482.4498 |
| **Mass Flow Rate Ton/hr** | 235.4551571 |

| | |
|---|---|
| **Total Ammonia Produced at the end of first Bed Kg** | 31419.03986 |
| **Total Ammonia Produced at the end of first Bed Ton/hr** | 31.41903986 |
| **Hydrogen Reacted in First Bed ton/hr** | 5.544536445 |
| **Nitrogen Reacted in First Bed ton/hr** | 25.87450341 |

## Reactant to Inlet of second Bed

| Name | Composition | Molar Mass g/mol | Mass Fraction |
|---|---|---|---|
| $NH_3$ | 0.127033625 | 17 | 0.204337922 |
| $H_2$ | 0.58977442 | 2 | 0.111608504 |
| Ar | 0.01418674 | 39.95 | 0.053626661 |
| $N_2$ | 0.196555375 | 28 | 0.520744049 |
| $CH_4$ | 0.072449841 | 16 | 0.109682863 |

| Specific Heat KJ/Kg K | Mass at Second Bed Tonn/h | Heat Absorb |
|---|---|---|
| 2.890615881 | 48.11241746 | 4311310.057 |
| 14.74824927 | 26.27879793 | 12014554.13 |
| 0.546823968 | 12.62667394 | 214041.6065 |
| 1.105916776 | 122.6118719 | 4203554.31 |
| 3.710967992 | 25.82539584 | 2970953.738 |

| KJ/Mol K | KJ/Kg K |
|---|---|
| 0.04914047 | 2.890615881 |
| 0.029496499 | 14.74824927 |
| 0.021845618 | 0.546823968 |
| 0.03096567 | 1.105916776 |
| 0.059375488 | 3.710967992 |

| | |
|---|---|
| **Total Energy Absorb KJ** | 23714413.84 |
| **Total Moles at the end of First bed** | 22278.68576 |

| | |
|---|---|
| **Ammonia Produced at the End of second bed in kg** | 8764.022507 |
| **Ammonia Produced at the End of second bed in Ton** | 8.764022507 |
| **Hydrogen Reacted inSecond Bed ton/hr** | 1.546592207 |
| **Nitrogen Reacted inSecond Bed ton/hr** | 7.2174303 |
| **Total ammonia at the End of Second Bed ton/hr** | 56.87643996 |

## Reactant to the inlet of Third Bed

| Name | Composition | Molar Mass | Mass Fraction |
|---|---|---|---|
| $NH_3$ | 0.153731062 | 17 | 0.24156 |
| $H_2$ | 0.568212782 | 2 | 0.10504 |
| Ar | 0.014522799 | 39.95 | 0.053627 |
| $N_2$ | 0.189367307 | 28 | 0.490091 |
| $CH_4$ | 0.07416605 | 16 | 0.109683 |

| Mass Fraction | Specific Heat | Mass at inlet of third bed ton/hr | Heat Absorb |
|---|---|---|---|
| 0.24156 | 2.801947665 | 56.87643996 | 4302849.819 |
| 0.10504 | 14.68557616 | 24.73220572 | 9806580.647 |
| 0.053627 | 0.538936015 | 12.62667394 | 183734.1721 |
| 0.490091 | 1.095789493 | 115.3944416 | 3414096.45 |
| 0.109683 | 3.546658009 | 25.82539584 | 2473033.869 |

| Specific Heat | |
|---|---|
| KJ/Mol K | KJ/Kg K |
| 0.04763311 | 2.801947665 |
| 0.029371152 | 14.68557616 |
| 0.021530494 | 0.538936015 |
| 0.030682106 | 1.095789493 |
| 0.056746528 | 3.546658009 |

| | |
|---|---|
| **Total number of KMoles** | 21763.15502 |
| **Inlet Temperature to the Third Bed** | 413 |
| **outlet temperature from the Third Bed** | 440 |
| **Change in Temperature** | 27 |
| **Total Heat Absorbed KJ** | 20180294.96 |
| **Heat released to form one Kg of Ammonia KJ/Kg** | 2705.88 |
| **Ammonia produced in Third Bed in kg** | 7457.941578 |
| **Ammonia produced in Third Bed in Ton/hr** | 7.457941578 |
| **Hydrogen reacted in ton/hr** | 1.316107337 |
| **Nitrogen reacted in ton/hr** | 6.141834241 |

## Product out from the third BED

| Name | Composition | Mass Fraction | Mass at the outlet of third Bed ton/hr |
|---|---|---|---|
| $NH_3$ | 0.177466473 | 0.273234115 | 64.33438154 |
| $H_2$ | 0.549043365 | 0.099450353 | 23.41609838 |
| Ar | 0.014821573 | 0.053626661 | 12.62667394 |
| $N_2$ | 0.182976741 | 0.464006007 | 109.2526074 |
| $CH_4$ | 0.075691849 | 0.109682863 | 25.82539584 |

| | |
|---|---|
| **Av Molecular weight** | 11.04155693 |
| **Vol Flow Rate (Nm3/hr)** | 477703.6955 |
| **Total number of moles** | 21324452.58 |
| **Total mass flow ton/hr** | 235.4551571 |
| **Ammonia Produced at the Third Bed** | 7.457941578 |

| | |
|---|---|
| **Total Ammonia Produced tons/hr** | 47.64100394 |

# Rozdział 5

# Bilans energetyczny

## 5.1 Wprowadzenie

Bilans energetyczny opiera się na prawie zachowania energii, które stanowi, że

"Energii nie da się stworzyć ani zniszczyć, ale zmienia jej formę".

Równanie użyte w tej części zostało odkryte jako

$$DTM=\Delta T1-\Delta T2/log(\Delta T1/\Delta T2)$$

$$Q=mCpdT$$

$$Q=UAdT$$

DTM to średnia różnica temperatur, U to ogólny współczynnik przenikania ciepła, Cp to ciepło właściwe, a A to obszar.

Temperatury podane są w stopniach Celsjusza, masowe natężenie przepływu w kg/h lub kg/sec, ciepło właściwe Cp w j/kg*degree C, całkowity współczynnik przenikania ciepła w W/m2*degree C, powierzchnia w $^{m2}$.

U zaczerpnięto z wykresu dostępnego w literaturze z "Chemical Engineering Richard and Coulson Vol 6". [6][12][18]

## 5.2 Chłodnica wody

### 5.2.1 Kod Matlab

```
Thi=67.2
Tho=36
mh=2.474*10^5/3600
cp1=3.017*1000
Tci=25
Tco=25,02
Cp2=2.980*1000
U=6319.44
Ch=mh*cp1
Q=mh*cp1*(Thi-Tho)
mc=Q/Cp2*(Tco-Tci)
dt1=Thi-Tco
dt2=Tho-Tci
DTM=(dt1-dt2)/log(dt1/dt2)
A=Q/(U*DTM)
ddk.E i dP.E są zaniedbane. Praca jest zerowa.
```

```
w=0
dH=Q-w
```

### 5.2.2 Dane wejściowe i wyniki

| VARIABLES | INPUT | WYJŚCIE |
|---|---|---|
| Thi (stopień Celsjusza) | 67.20 | |
| Tho (stopień Celsjusza) | 36.00 | |
| mh (kg/s) | 68.72 | |
| Cp1 (J/kg*degree Celsius) | 3017 | |
| Tci (stopień Celsjusza) | 25.00 | |
| Tco (stopień Celsjusza) | 25.02 | |
| Cp2 (J/kg*degree Celsius) | 2980 | |
| Q (J/s)*10^6 | | 6.468 |
| mc (kg/s) | | 43.41 |
| DTM | | 23.19 |
| U (W/m2*stopień Celsjusza) | 6319 | |
| A($^{m2}$) | | 44.12 |
| Dh (J/s) *10^6 | | 6.468 |

## 5.3 Pierwsza chłodnica

### 5.3.1 Kod Matlab

```
Thi1=36
Tho1=30
Tci1=8.602
Tco1=27,3
cph=3.13*1000
cpc=3.157*1000
mh1=(2.474*10^5)/3600
Q1=mh1*cph*(Thi1-Tho1)
mc1=Q1/cpc*(Tco1-Tci1)
dt12=Thi1-Tco1-Tco1
dt22=Tho1-Tci1
DTM1=(dt12-dt22)/log(dt12/dt22)
U1=6789
A1=Q1/U1*DTM1
W1=0
dH1=Q1-W1-W1
```

### 5.3.2 Dane wejściowe i wyniki

| VARIABLES | INPUT | WYJŚCIE |
|---|---|---|
| Thi1 (stopień Celsjusza) | 36.00 | |
| Tho1 (stopień Celsjusza) | 30.00 | |
| mh1(kg/s) | 68.72 | |
| Cph(J/kg*degree Celsius) | 3130 | |
| Tci1 (stopień Celsjusza) | 8.602 | |
| Tco1 (stopień Celsjusza) | 27.30 | |
| Cpc(J/kg*degree Celsius) | 3157 | |
| Q1(J/s) *10^6 | | 1.290 |
| mc1 (kg/s) *10^3 | | 7.643 |
| DTM1 | | 14.10 |
| U1 (W/m2*stopień Celsjusza) | 6789 | |
| A1($^{m2}$) | | 14 |
| dh1(J/s) *10^6 | | 1.290 |

## 5.4 Pierwszy agregat chłodniczy

### 5.4.1 Kod Matlab

```
Th2=30
Tho2=18
Tci2=10
m1h=(2.474*10^5)/3600
Tco2=17,54
dt2=Th2-Tco2 = Th2-Tco2
dt21=Tho2-Tci2
DTM3=(dt2-dt12)/log(dt2/dt12)
cph2=36.98*1000
q=cph2*2.474*10^4*(Th2-Tho2)/3600
cpc2=81.95*1000
m2c=q/cpc*(Tco2-Tci)
U2=5678
A=q/(DTM3*U2)
w2=0
dH2=q-w2
```

### 5.4.2 Dane wejściowe i wyniki

| VARIABLES | INPUT | WYJŚCIE |
|---|---|---|
| Th2 (stopień Celsjusza) | 30.00 | |
| Tho2 (stopień Celsjusza) | 18.00 | |
| m1h1 (kg/s) | 68.72 | |
| Cph2 (J/kg*degree Celsius) *10 | 3698 | |
| Tc2 (stopień Celsjusza) | 10.00 | |
| Tco2 (stopień Celsjusza) | 17.54 | |
| Cpc2 (J/kg*degree Celsius) *10 | 8195 | |
| q (J/s) *10^6 | | 3.049 |
| m 2c1 (kg/s) *10^3 | | 7.206 |
| DTM3 | | 10.46 |
| U2 (W/m2*stopień Celsjusza) | 5678 | |
| A($^{m2}$) | | 51.30 |
| dh 2(J/s) *10^6 | | 3.049 |

## 5.5 Druga chłodnica

### 5.5.1 Kod Matlab

```
Thi3=18
Tho3=12,02
Tci3=-5
Tco3=8.602
dt3=Thi3-Tco3-Tco3
dt31=Tho3-Tci3-Tci3
DTM4=(dt3-dt31)/log(dt3/dt31)
cph3=3.312*1000
cpc3=3.183*1000
mh3=(2.5*10^5)/3600
q3=mh3*cph3*(Thi3-Tho3)
mc3=q3/cpc3*(Tco3-Tci3)
U3=3822
A3=q3/(U3*DTM4)
W3=0
dH3=q3-W3-W3
```

### 5.5.2 Dane wejściowe i wyniki

| VARIABLES | INPUT | WYJŚCIE |
|---|---|---|
| Thi3 (stopień Celsjusza) | 18.00 | |
| Tho3degree Celsius) | 12.02 | |
| mh3(kg/s) | 69.44 | |
| Cph3 (J/kg*degree Celsius) *10 | 3312 | |
| Tci3 (stopień Celsjusza) | -5.000 | |
| Tco3 (stopień Celsjusza) | 8.602 | |
| Cpc3 (J/kg*degree Celsius) *10 | 3183 | |
| q 3(J/s) *10^3 | | 1375 |
| mc3 (kg/s) *10^3 | | 5.877 |
| DTM3 | | 12.83 |
| U3(W/m2*stopień Celsjusza) | 3822 | |
| A3($^{m2}$) | | 28.03 |
| dh 3 (J/s) *10^3 | | 1375 |

## 5.6 Drugi agregat chłodniczy

### 5.6.1 Kod Matlab

```
Thi4=9.768
Tho4=-5
Tci4=-17,86
Tco4=-5.55
dt5=Thi4-Tco4
dt51=Tho4-Tci4
DTM5=(dt5-dt51)/log(dt5/dt51)
cph5=3.32*1000
cpc5=4.247*1000
mh5=(2.935*10^5)/3600
q5=mh5*cph5*(Thi4-Tho4)
mc5=q5/(cpc5*(Tco4-Tci4))
U5=4500
A5=q5/(DTM5*U5)
w5=0
dH5=Q5-w5-w5
```

### 5.6.2 Dane wejściowe i wyniki

| VARIABLES | INPUT | WYJŚCIE |
|---|---|---|
| Thi4 (stopień Celsjusza) | 9.768 | |
| Tho49degree Celsius) | -5.00 | |
| mh5(kg/s) | 81.52 | |
| Cph5 (J/kg*degree Celsius) | 3320 | |
| Tci4 (stopień Celsjusza) | -17.86 | |
| Tco4 (stopień Celsjusza) | -5.550 | |
| Cpc5 (J/kg*degree Celsius) | 4247 | |
| q5(J/s) *10^6 | | 3.997 |
| mc5 (kg/s) | | 76.45 |
| DTM5 | | 14.05 |
| U5(W/m2*stopień Celsjusza) | 4500 | |
| A5($^{m2}$) | | 63.20 |
| dh5(J/s) *10^6 | | 3.997 |

## 5.7 Drugi wewnętrzny wymiennik ciepła

### 5.7.1 Kod Matlab

```
Thi6=463.7
Tho6=409.9
Tci6=250
Tco6=380
cpc6=3.120*1000
cph6=3.159*1000
mc6=(1.017*10^5)/3600
q6=mc6*cpc6*(Tco6-Tci6)
mh6=q6/(cph6*(Thi6-Tho6))
dt6=Thi6-Tco6
dt61=Tho6-Tci6
DTM6=(dt6-dt61)/log(dt6/dt61)
U6=1800
A6=q6/(U6*DTM6)
w6=0
dH6=q6-w6
```

### 5.7.2 Dane wejściowe i wyniki

| VARIABLES | INPUT | WYJŚCIE |
|---|---|---|
| Thi6 (stopień Celsjusza) | 463.7 | |
| Tho6 (stopień Celsjusza) | 4099 | |
| m h6 (kg/s) | | 67.41 |
| Cph6 (J/kg*degree Celsius) | 3159 | |
| Tci6 (stopień Celsjusza) | 250.0 | |
| Tco6 (stopień Celsjusza) | 380.0 | |
| Cpc6(J/kg*degree Celsius) | 3120 | |
| q 6(J/s) *10^7 | | 1.145 |
| m c6 (kg/s) | 28.25 | |
| DTM6 | | 117.7 |
| U6(W/m2*stopień Celsjusza) | 1800 | |
| A6($^{m2}$) | | 54.07 |
| dh 6 (J/s) *10^7 | | 1.145 |

## 5.8 Pierwszy wewnętrzny wymiennik ciepła

### 5.8.1 Kod Matlab

```
Thi7=495.6
Tho7=414.6
Tci7=303.8
Tco7=385
dt7=Thi6-Tco6
dt71=Tho7-Tci7
DTM7=(dt7-dt71)/log(dt7/dt71)
cpc7=3.147*1000
cph7=3.210*1000
mc7=(2*10^5)/3600
q7=cpc7*mc7*mc7*(Tco7-Tci7)
mh7=q7/(cph7*(Thi7-Tho7))
U7=2000
A7=q7/(U7*DTM7)
w7=0
dH7=q7-w7
```

### 5.8.2 Dane wejściowe i wyniki

| VARIABLES | INPUT | WYJŚCIE |
|---|---|---|
| Thi7 (stopień Celsjusza) | 495.6 | |
| Tho7 (stopień Celsjusza) | 414.6 | |
| m h7 (kg/s) | | 54.59 |
| Cph7(J/kg*degree Celsius) | 3210 | |
| Tci7 (stopień Celsjusza) | 303.8 | |
| Tco7 (stopień Celsjusza) | 385.0 | |
| Cpc7(J/kg*degree Celsius) | 3147 | |
| q 7(J/s) *10^7 | | 1.419 |
| m c7 (kg/s) | 55.55 | |
| DTM7 | | 96.61 |
| U7 (W/m2*stopień Celsjusza) | 2000 | |
| A7($^{m2}$) | | 73.46 |
| dh 7 (J/s) *10^7 | | 1.419 |

## 5.9 Podgrzewacz paszowy Podgrzewacz

### 5.9.1 Kod Matlab

```
Thi8=290
Tho8=67.2
Tci8=36.42
Tco8=250
dt8=Thi8-Tco8-Tco8
dt81=Thi8-Tci8
DTM8=(dt8-dt81)/log(dt8/dt81)
cph8=3*1000
cpc8=3.132*1000
mh8=(2*10^5)/3600
q8=mh8*cph8*(Thi8-Tho8)
mc8=q8/(cpc7*(Tco8-Tci8))
U8=4800
A8=q8/(U8*DTM8)
W8=0
dH8=q8-W8-W8
```

### 5.9.2 Dane wejściowe i wyniki

| VARIABLES | INPUT | WYJŚCIE |
| --- | --- | --- |
| Thi8 (stopień Celsjusza) | 290.0 | |
| Tho8 (stopień Celsjusza) | 67.20 | |
| mh8(kg/s) | 55.55 | |
| Cph8(J/kg*degree Celsius) | 3000 | |
| Tci8 (stopień Celsjusza) | 36.42 | |
| Tco8 (stopień Celsjusza) | 250.0 | |
| Cpc8(J/kg*degree Celsius) | 3132 | |
| q 8(J/s) *10^7 | | 3.713 |
| m c8 (kg/s) | | 55.24 |
| DTM8 | | 115.6 |
| U8 (W/m2*stopień Celsjusza) | 4800 | |
| A8($^{m2}$) | | 66.89 |
| dh8 (J/s) *10^7 | | 3.713 |

# Rozdział 6

# Projektowanie urządzeń

## 6.1 Wprowadzenie

W tej sekcji zajmiemy się projektowaniem sprężarek. Jeden z nich będzie używany do sprężania mieszaniny gazu syntezowego i wodoru, a drugi do sprężania gazu recyrkulacyjnego. Również separator produktu jest zaprojektowany jako dekanter. Obliczona zostanie również objętość łóżek reaktorów.

## 6.2 Konstrukcja sprężarki (bilans energetyczny)

W celu wykonania bilansu energetycznego sprężarki stosuje się następujące zależności:

Q-W=d h+ d k.E+ d P.E

Zmiany w potencjale i energiach kinetycznych są pomijane.

Praca wykonywana jest przez

W = P1V1(n/n-1)[(P2/P1)(n-1/n) -1] = (ZRT1/M) [(P2/P1)(n-1/n) -1]

P1 to ciśnienie wlotowe w kPa.

P2 to ciśnienie wylotowe w kPa.

V1 to specyficzna objętość w metrach sześciennych.

m = (gamma-1) Ep/gamma

n = 1/1-m

Konstrukcja jest podana jak pod obiema sprężarkami. [5]

### 6.2.1 Matlab Kod kompresora 1

```
%compressor-1. Temperatury są mierzone w stopniach
Celsjusza, a ciśnienie wynosi
%taken in kpa
Cynk=38,15
Toutc=290.8
p1=2452+1000
p2=1.324*10^4+1000
mcomp=(5.679*10^4)/3600
% ciśnienia krytycznego jest w kpa, podczas gdy
temperatura krytyczna jest pobierana w kelwinie.
TcH2=33.20
TcCH4=190.8
```

```
TcN2=126.2
TcAr=150.8
PcH2=1000
PcCH4=4000
PcN2=2000
PcAr=4100
xH2=0.7360
xCH4=0.0148
xN2=.2464
xAr=0.0028
M.W=(xH2*2+xAr*39.95+xN2*28+xCH4*16)/1000
Tcm=(xH2*TcH2)+(TcCH4*xCH4)+(TcN2*xN2)+(TcAr*xAr)
Pcm=(xH2*PcH2)+(PcCH4*xCH4)+(PcN2*xN2)+(PcAr*xAr)
Tm=(Cynk+Toutc)/2
Pm=(p1+p2)/2
Tmn=Tm+273.15
Tr=Tmn/Tcm
Pr=Pm/Pcm
%from wykresu z=1.24
z=1.24
M=xH2*2+xCH4*16+xN2*28+xAr*39.95
gamma=1,4
gęstość=52
v=mcomp/density
% od liczby
Ep=.66
m=(gamma-1)/(gamma*.66)
n=1/(1-m)
R=8.314
%Tcompressor out
Toutcomp=(Cynk+273)*((p2/p1)^m)
a=(n-1/n)
b=n/(n-1)
c=p2/p1
d=(z*R*(Cynk+273))/(M)
WCOMP=d*b*(c^a-1)
WAC=WCOMP/Ep
moc=(WAC*mcomp)/1000
cpcomp=3.33*1000
dhcomp=mcomp*cpcomp*(Toutc-Tinc)
Qcomp=(moc*1000)+dhcomp
```

### 6.2.2 Wyniki kompresora 1

Moc = 90,33 MW

Q = 1,336 e+07 J/s

### 6.2.3 Matlab Kod kompresora 2

```
p1comp=1,31*10^4
p2comp=1.42*10^4
compratio=p2comp/p1comp/p1comp
x1H2=0,6434
x2N2=0.2411
x3Ar=0.0092
x4CH4=0.0575
x5NH3=0.0488
MW1=[x1H2*2+x2N2*28+(x3Ar*39.95)+x4CH4*16+x5NH3*17]/(100
0)
%AT COMPRATIO 4
MCP2=(2.474*10^5)/3600
V2=769.4/3600
EP2=0,648
VSPECIFIC=V2/MCP2
gamma2=1.35
m2=(1.35-1)/(1.35*.648)
n2=1/(1-m2)
a2=n2/(n2-1)
b2=(p2comp/p1comp)^(1/a2)
work=p1comp*1000*VSPECIFIC*a2*[b2-1]
T1comp=27,35
T2comp=36,2
cpcomp=3.12
dhcomp=MCP2*cpcomp*(36.2-27.35)
qcomp=work+dhcomp
power2=(praca*MCP2)*1000/0.648
p2comp=1.42*10^4
compratio=p2comp/p1comp/p1comp
x1H2=0,6434
x2N2=0.2411
x3Ar=0.0092
x4CH4=0.0575
x5NH3=0.0488
```

```
MW1=[x1H2*2+x2N2*28+(x3Ar*39.95)+x4CH4*16+x5NH3*17]/(100
0)
%AT COMPRATIO 4
MCP2=(2.474*10^5)/3600
V2=769.4/3600
EP2=0,648
VSPECIFIC=V2/MCP2
gamma2=1.35
m2=(1.35-1)/(1.35*.648)
n2=1/(1-m2)
a2=n2/(n2-1)
b2=(p2comp/p1comp)^(1/a2)
work2=p1comp*1000*VSPECIFIC*a2*[b2-1]
T1comp=27,35
T2comp=36,2
cpcomp=3.12*1000
dhcomp=MCP2*cpcomp*(36.2-27.35)
qcomp=work2+dhcomp
power2=(work2*MCP2)*1000/0.648
```

### 6.2.4 Wyniki kompresora 2

Moc = 54 MW

Q = 1,9029e+06 J/s

## 6.3 Konstrukcja reaktora

Równanie projektowe reaktora PFR jest wykorzystywane do obliczania objętości reaktora.

V = fAO int(f(x1,x2))

f=dx/-ra

x1 i x2 to dolna i górna granica.

Ra = ((PH2)^alfa )*((PN2)^1-alfa)

Zakresy Alfa od 0,5 do 1.

Reguła trapezowa jest używana do integracji.

V=fAO int(f,x1,x2)=(x2-x1/2)*[f(x1)+f(x2)]

Odniesienie do projektu reaktora zaczerpnięto z [2][3][7][9].

### 6.3.1 Kod Matlab dla reaktora

```
d) "pierwsze łoże" oznacza: "pierwsze łoże"; e)
"pierwsze łoże" oznacza: "pierwsze łoże" oznacza:
"pierwsze łoże" oznacza: "pierwsze łoże"; f) "drugie
```

```
łóżko" oznacza: "pierwsze łóżko"; g) "drugie łóżko"
oznacza: "pierwsze łóżko" oznacza łóżko; h) "drugie
łóżko" oznacza łóżko; i) "pierwsze łóżko; i) "drugie
łóżko" oznacza łóżko; i) "drugie łóżko" oznacza łóżko;
i) "drugie łóżko; ii) "drugie łóżko" oznacza łóżko; i)
"drugie łóżko; ii) "drugie łóżko" oznacza łóżko; i)
"drugie łóżko; ii) "drugie łóżko" oznacza łóżko; ii)
"drugie łóżko" oznacza łóżko; ii) "drugie łóżko; ii)
"drugie łóżko" oznacza łóżko; i) "drugie łóżko; i)
"drugie łóżko; ii)" oznacza łóżko.
Temp1=400+273
Ko=8.849*10^4
Eact=40765/1000
R=0.00198858
k=ko*exp(-Eact/(R*Temp1))
p1r=248.3*98066.5
y1H2=.6595
y1N2=.2198
PRH2=y1H2*p1
PRN2=y1N2*p1
r=k*((PRH2)^.5)*((PRN2)^.5)
Temp2=510+273
Y1H2=0.58478983
Y1N2=.194893647
prH2=Y1H2*p1r
prN2=Y1N2*p1r
k1=ko*exp(-Eact/(R*Temp2))
rn=k1*(prH2^. 5)*(prN2^.5)
%VOLMETRIC FLOW RATE IN m^3/s (współczynnik przepływu w
m^3/s)
VOL=60
Co=p1r*.2198/(8.314*Temp2)
nr=VOL/(co*8.314*Temp2*k1)
xH2r=.6595
xN2r=.2198
xr=xH2r/xN2r
%bc=(xr-3x) aND ad=(1-x)
volume=0.5*(.11-0)*nr*[((xr-(3*.11))^.5*(1-
.11)^.5)+((xr-3*(0))^.5*(1-0))^.5]
{Y:i}Sekundacyjne łóżko
Tempn1=464+273
```

```
P2IN=246*98066.5
prH22=P2IN*Y1H2
prN22=Y1N2*P2IN
k2=ko*exp(-Eact/(R*Tempn1))
r2=k2*((prH22)^.5)*((prN22)^.5)
Tempn2=495+273
k2n=ko*exp(-Eact/(R*Tempn2))
y2H2=.561221468
Y2N2=.187036592
PRH22=P2IN*y2H2
PRN22=P2IN*Y2N2N2
r2n=k2n*(PRH22^.5)*(PRN22^.5)
cN2=.1948*P2IN/(8.314*Tempn2)
%MOLARNE NATĘŻENIE PRZEPŁYWU DLA
fO=40
nr1=fO/(k2n*8.314*Tempn2*cN2)
ZNAK %MINUS JEST STOSOWANY, PONIEWAŻ GRANICE INTEGRACJI
SĄ ODWRÓCONE
CR1=.5*(-1)*(.04-.11)*[((3-3*.04)^.5)*(1-.04)^.5]+[(3-
(3*.11))^.5*(1-.11)^.5].
VOLUME2=CR1*nr1
%3RD BED
Temp3=413+273
k3=ko*exp(-Eact/(R*Temp3))
p3=244.8*98066.5
p3H2=p3*y2H2
p3N2=p3*Y2N2
r3=k3*(p3H2^.5)*(p3N2^.5)
Temp4=440+273
k4=ko*exp(-Eact/(R*Temp4))
y3H2=.540072742
Y3N2=.179986178
P3H2=p3*y3H2
P3N2=p3*Y3N2
r3ex=k4*(P3H2^.5)*(P3N2^.5)
fO1=56
nr3=fO1/(k3*8.314*Temp3*cN2)
CR3=.5*(-1)*(.04-.11)*[((3-3*.04)^.5)*(1-.04)^.5]+[(3-
(3*.11))^.5*(1-.11)^.5]
V3=nr3*CR3
```

### 6.3.2 Wynik reaktora

Objętość pierwszego reaktora = 8m3

Objętość drugiego reaktora = 3m3

Objętość trzeciego reaktora = 2,7m3

## 6.4 Konstrukcja separatora

Separatory przyjmuje się jako dekantery. W procesie osadzania dekantera stosowany jest proces osadzania. Siła grawitacyjna jest wykorzystywana do oddzielania cząstek od cieczy. Cząsteczki mogą być płynnymi kroplami lub cząstkami stałymi. Płyn może być gazem, parą lub płynem.

W celu zaprojektowania dekantera przyjęto następujące kroki.

- Zidentyfikuj fazę ciężką i fazę lekką w oparciu o gęstości.
- Do identyfikacji fazy rozproszonej i ciężkiej stosuje się kryteria Schweitzera.

$$\Theta = (Q_l/Q_h)[\rho_l\mu_h/\rho_h\mu_l]^{0.3}$$

| $\Theta$ | RESULT |
|---|---|
| <0.3 | Light phase always dispersed |
| 0.3–0.5 | Light phase probably dispersed |
| 0.5–0.2 | Phase inversion probable |
| 2.0–3.3 | Heavy phase probably dispersed |
| >3.3 | Heavy phase dispersed |

- Konieczne jest podjęcie decyzji, które prawo ugodowe ma zastosowanie. Aby podjąć taką decyzję, współczynnik kc jest obliczany.

$$Kc=34.81dp\ [(\rho_f(\rho_p-\rho_f)/\mu_f^2]1/3$$

Średnica cząstek jest w calach, a gęstości są pobierane w Ib/ft3.lepkość płynu jest pobierana w Cp. [4]

$$u_t=[4g(dp)^{(1+n)}(\rho_p-\rho_f)/3b\mu_f^n\rho_f^{(1-n)}]^{1/(2-n)}$$

**Table 19.7** Ranges of Settling Equations

| | Newton's Law | Intermediate Law | Stokes' Law | Stokes–Cunningham Law | Brownian Movement |
|---|---|---|---|---|---|
| $d_p$ | 100,000–1,500 | 1,500–100 | 100–3 | 3–0.1 | 0.1–0.001 |
| $N_{Re}$ | 200,000–500 | 500–2 | 2–0.0001 | | |
| $K_c$ | ≥43.6 | $3.3 \leq K_c \leq 43.6$ | 3.3 | | |

| Law | $b$ | $n$ |
|---|---|---|
| Stokes | 24 | 1.0 |
| Intermediate | 18.5 | 0.6 |
| Newton | 0.44 | 0 |

### 6.4.1 Kod Matlab dla separatora produktów

```
%Sepertor v-100,Q=m3/s,gęstość w kg/m3,vis w cp
QNH3=78,26
QVH2=765.2
DENSITY1=633
DENSITY2=59,3
VISC1=0,1665
VISC2=1.114e-002
P=(QVH2/QNH3) *([(GĘSTOŚĆ2*VISC1)/(GĘSTOŚĆ1*VISC2)]^.3)
%DENSITY W Ib/Ft^3
DH=633*(0.062428)
DF=59,3*.062428
dp=1000*(10^-6)*3.28*12
kc=34,81*dp*[(DF*(DH-DF))/(VISC2^2)]^(1/3)
TERAZ Z TABLE SETTLING VELOCITY IN newton RANGE (tabela
1)
%b=18.5,n=.6
g=32.2
n1=0
b=.44
c=dp^(1+n1)
d=4*g*c
L=DF^(1-n1)
h=VISC2^n1
g=1/(2-n1)
ut=[d*(DH-DF)/3*b*h*L]^g
%ut jest w ft/s
%let L/D=6,WIDTH OF THE INTERFACE WHICH IS NOT AT THE
TOP IS 0.8D
%Area=.8D*(6D)=4.8D^2
%QNH3d w ft^3/s
QNH3d=2763.72
Obszar=QNH3d/ut
%area in ft^2
d=sqrt (obszar/4.8)
d in ft
L=6*d
W=0.8*d
```

### 6.4.2 Wynik separatora produktów

Średnica = 6 ft

Długość = 45 ft

### 6.4.3 Kod Matlab dla separatora oczyszczalni ścieków

```
%separator v-102
qs1NH3=3.353
qs2H2=31,59
gęstość1=607,3
gęstość2=60,36
visc1=0.1350
visc2=1.184*10^-2
p1=(qs2H2/qs1NH3)*[(gęstość2*visc1)/(gęstość1*visc2)]^.3
% ciężka faza rozproszona
dp1=150*(10^-6)*3.28*12
df1=60.36*0.062428
dh2=607.3*0.062428
kc1=34.81*dp1*[(df1*(dh2-df1))/visc2^2]^.33
% z tabeli kc1 jest zbliżony do zakresu pośredniego
% dla palenisk lwa b=b1 i n=n2
b1=18.5
n1=.6
a1=dp^(1+n1)
c3=3*b1*(visc2^n1)*(df1^(1-n1))
g1=1/(2-n1)
p2=dh2-df1
D) W FT/S
ut1=[4*g*a1*p2/c3]^g1
%IN FT^3/S
QS2H2=(31.59*35.3147)
% area interfejsu w ft^2
AS2=QS2H2/ut1
%let L/d=4,5 i w=.9d więc A=4,5d*.78d
d1=sqrt(AS2/3.51)
L1=4,5*d1
W=.78*d1
```

### 6.4.4 Wynik separatora oczyszczającego

Średnica = 38 ft

Długość = 221 ft

### 6.4.5 Kod Matlab dla separatora płynu chłodzącego

```
%separator v-101
q3s=200
q4s=13.09
```

```
gęstość3=500
gęstośćNH3V=100
visc3=0,136
visc4=8.2848e-003
dp3=150*10^-6
vt=(9,81*(gęstość3-gęstośćNH3V)*dp3^2*1000)/(18*visc4)
%vt jest w m/s.
%L/D=6 ,W=D*.9
%AREA, D, L AND W IN m^2 and m^2 and m
AREAS3=(q3s/(vt))
d3s=sqrt(AREAS3/5.4)
L3=6*d3s
w=.9*d3s
```

### 6.4.6 Wynik separatora chłodziwa

Średnica = 29,33 ft

Długość = 173 ft

# Rozdział 7

# Modelowanie Aspen Hysysysa

## 7.1 Wprowadzenie

Aspen Hysysys jest oprogramowaniem używanym do symulacji procesów chemicznych. Wykorzystaliśmy Aspen Hysysys v8.8 do symulacji pętli syntezy amoniaku.

Podjęto następujące kroki, aby stworzyć model.

- Przede wszystkim dodano wszystkie elementy systemu.
- Następnie wybrano pakiet płynów Peng Robinson. Wynika to z faktu, że system zawiera głównie gazy pod wysokim ciśnieniem.
- Następnie zdefiniowano zestaw reakcji równowagi. Dane dotyczące równowagi były dostępne w literaturze.
- Wprowadzono również dane stechiometryczne.
- Następnie otwarto okno symulacyjne.
- Strumienie zasilania zostały zdefiniowane. Do zdefiniowania strumienia potrzebne są trzy zmienne, takie jak temperatura, ciśnienie i natężenie przepływu oraz skład strumienia.
- Następnie dodano mieszadła, rozdzielacze, wymienniki ciepła, separatory i bloki reaktorów.
- Zdefiniowano wymagane wejścia wszystkich urządzeń.
- Definiując wszystkie wejścia, model będzie zbieżny.
- Model konwergentny jest symulacją procesu.
- Gdy mieliśmy zaprojektować reaktor 3-łóżkowy. Każdy reaktor jest reprezentowany przez jeden reaktor równowagi.

Schemat przepływu składa się z następujących elementów

- 3 Separatory
- 2 Sprężarki
- 3 Reaktory
- 1 Chłodnica
- 5 Rozgałęźnik/mikser
- 1 Pętla recyklingowa

- 9 Wymiennik ciepła

## 7.2 Schemat przepływu procesu:

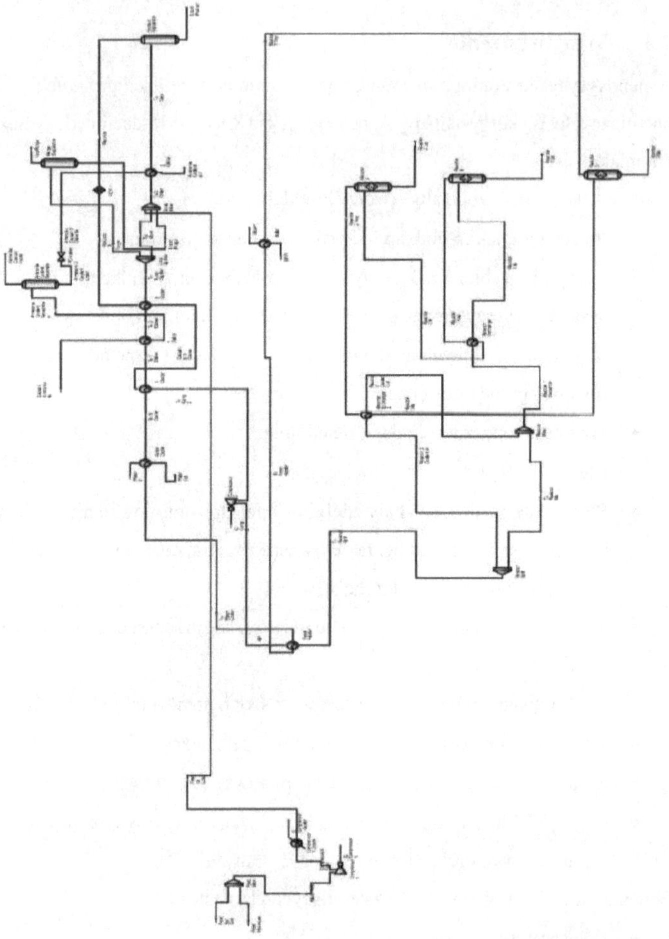

*Rysunek 7.2 Schemat przepływu procesowego Aspen Hysysys*

## 7.3 Sprawozdanie

### 7.3.1 Reakcja [15]

| | | |
|---|---|---|
| aspen | LEGENDS<br>Bedford, MA<br>USA | Case Name: Group 4 Ammonia.hsc<br>Unit Set: NewUser3<br>Date/Time: Fri May 12 13:38:56 2017 |

**Equilibrium: Rxn-1**

**STOICHIOMETRY**

| Component | Molecular Weight | Stoichiometric Coefficient |
|---|---|---|
| Ammonia | 17.03 | 1 * |
| Nitrogen | 28.01 | -1 * |
| Hydrogen | 2.016 | -2 * |

Balance Error : 0.0000 — Reaction Heat (25 C) : -9.142e+004 kJ/kgmole

**BASIS**

| Basis | Phase | Approach (C) | Min. Temp (C) | Max. Temp (C) |
|---|---|---|---|---|
| Partial Press | VapourPhase | | -273.1 | 3000 |

**PARAMETERS**

**Source : K Vs. T Table**

| | | | |
|---|---|---|---|
| Coeff A | 6.790 * | R2 | 0.999995 * |
| Coeff B | 4682 * | T High | |
| Coeff C | -3.218 * | T Low | |
| Coeff D | 1.283e-003 * | | |

| Temperature (C) | Keq | KCalc | Percentage Error |
|---|---|---|---|
| 93.33 * | 20.80 * | 20.84 * | -0.2056 * |
| 148.9 * | 2.650 * | 2.643 * | 0.2675 * |
| 204.4 * | 0.5260 * | 0.5253 * | 0.1273 * |
| 260.0 * | 0.1430 * | 0.1424 * | 0.4307 * |
| 315.6 * | 4.850e-002 * | 4.849e-002 * | 2.333e-002 * |
| 371.1 * | 1.960e-002 * | 1.964e-002 * | -0.2058 * |
| 426.7 * | 9.080e-003 * | 9.072e-003 * | 8.829e-002 * |
| 482.2 * | 4.670e-003 * | 4.661e-003 * | 0.1879 * |
| 537.8 * | 2.610e-003 * | 2.604e-003 * | 0.2253 * |
| 593.3 * | 1.560e-003 * | 1.561e-003 * | -7.903e-002 * |
| 648.9 * | 9.910e-004 * | 9.909e-004 * | 1.185e-002 * |
| 704.4 * | 6.610e-004 * | 6.608e-004 * | 3.176e-002 * |
| 760.0 * | 4.600e-004 * | 4.590e-004 * | 0.2203 * |
| 815.6 * | 3.320e-004 * | 3.304e-004 * | 0.4859 * |
| 871.1 * | 2.470e-004 * | 2.454e-004 * | 0.6458 * |
| 926.7 * | 1.880e-004 * | 1.872e-004 * | 0.4464 * |
| 982.2 * | 1.470e-004 * | 1.462e-004 * | 0.5256 * |
| 1038 * | 1.170e-004 * | 1.165e-004 * | 0.4073 * |
| 1093 * | 9.530e-005 * | 9.489e-005 * | 0.4342 * |
| 1149 * | 7.850e-005 * | 7.828e-005 * | 0.2780 * |
| 1204 * | 6.580e-005 * | 6.577e-005 * | 4.106e-002 * |

Aspen Technology Inc. — Aspen HYSYS Version 8.8 (34.0.0.8909) — Page 1 of 25

Licensed to: LEGENDS — * Specified by user

## 7.3.2 Strumienie

| | | |
|---|---|---|
| aspentech | LEGENDS<br>Bedford, MA<br>USA | Case Name: Group 4 Ammonia.hsc<br>Unit Set: NewUser3<br>Date/Time: Mon May 15 10:50:41 2017 |

### Material Stream: Feed Hydrogen

Fluid Package: Basis-1
Property Package: Peng-Robinson

**CONDITIONS**

| | | Overall | Vapour Phase | | | |
|---|---|---|---|---|---|---|
| Vapour / Phase Fraction | | 1.0000 | 1.0000 | | | |
| Temperature: | (C) | 40.00 * | 40.00 | | | |
| Pressure: | (kg/cm2) | 85.00 * | 85.00 | | | |
| Molar Flow | (kgmole/h) | 644.9 | 644.9 | | | |
| Mass Flow | (kg/h) | 2887 * | 2887 | | | |
| Std Ideal Liq Vol Flow | (m3/h) | 19.02 | 19.02 | | | |
| Molar Enthalpy | (kJ/kgmole) | -1.345 | -1.345 | | | |
| Molar Entropy | (kJ/kgmole-C) | 92.82 | 92.82 | | | |
| Heat Flow | (kJ/h) | -867.4 | -867.4 | | | |
| Liq Vol Flow @Std Cond | (m3/h) | 1.525e+004 * | 1.525e+004 | | | |

**COMPOSITION**

**Overall Phase** Vapour Fraction 1.0000

| COMPONENTS | MOLAR FLOW (kgmole/h) | MOLE FRACTION | MASS FLOW (kg/h) | MASS FRACTION | LIQUID VOLUME FLOW (m3/h) | LIQUID VOLUME FRACTION |
|---|---|---|---|---|---|---|
| Hydrogen | 583.8454 * | 0.9053 * | 1177.0323 * | 0.4077 * | 16.8487 * | 0.8859 * |
| Argon | 3.4826 * | 0.0054 * | 139.1215 * | 0.0482 * | 0.1015 * | 0.0053 * |
| Nitrogen | 54.0442 * | 0.0838 * | 1513.9411 * | 0.5244 * | 1.8775 * | 0.0987 * |
| Methane | 3.5471 * | 0.0055 * | 56.9051 * | 0.0197 * | 0.1901 * | 0.0100 * |
| Ammonia | 0.0000 * | 0.0000 * | 0.0000 * | 0.0000 * | 0.0000 * | 0.0000 * |
| H2O | 0.0000 * | 0.0000 * | 0.0000 * | 0.0000 * | 0.0000 * | 0.0000 * |
| Total | 644.9192 | 1.0000 | 2887.0000 | 1.0000 | 19.0177 | 1.0000 |

**Vapour Phase** Phase Fraction 1.000

| COMPONENTS | MOLAR FLOW (kgmole/h) | MOLE FRACTION | MASS FLOW (kg/h) | MASS FRACTION | LIQUID VOLUME FLOW (m3/h) | LIQUID VOLUME FRACTION |
|---|---|---|---|---|---|---|
| Hydrogen | 583.8454 | 0.9053 | 1177.0323 | 0.4077 | 16.8487 | 0.8859 |
| Argon | 3.4826 | 0.0054 | 139.1215 | 0.0482 | 0.1015 | 0.0053 |
| Nitrogen | 54.0442 | 0.0838 | 1513.9411 | 0.5244 | 1.8775 | 0.0987 |
| Methane | 3.5471 | 0.0055 | 56.9051 | 0.0197 | 0.1901 | 0.0100 |
| Ammonia | 0.0000 | 0.0000 | 0.0000 | 0.0000 | 0.0000 | 0.0000 |
| H2O | 0.0000 | 0.0000 | 0.0000 | 0.0000 | 0.0000 | 0.0000 |
| Total | 644.9192 | 1.0000 | 2887.0000 | 1.0000 | 19.0177 | 1.0000 |

Aspen Technology Inc. Aspen HYSYS Version 8.8 (34.0.0.8909) Page 2 of 26

Licensed to: LEGENDS * Specified by user.

| | | | |
|---|---|---|---|
| aspen | LEGENDS<br>Bedford, MA<br>USA | Case Name: | Group 4 Ammonia.hsc |
| | | Unit Set: | NewUser3 |
| | | Date/Time: | Fri May 12 13:38:56 2017 |

## Material Stream: Feed Syn Gas

Fluid Package: Basis-1

Property Package: Peng-Robinson

### CONDITIONS

| | | Overall | Vapour Phase | | | |
|---|---|---|---|---|---|---|
| Vapour / Phase Fraction | | 1.0000 | 1.0000 | | | |
| Temperature: | (C) | 38.00 * | 38.00 | | | |
| Pressure: | (kg/cm2) | 25.00 * | 25.00 | | | |
| Molar Flow | (kgmole/h) | 5926 | 5926 | | | |
| Mass Flow | (kg/h) | 5.449e+004 * | 5.449e+004 | | | |
| Std Ideal Liq Vol Flow | (m3/h) | 182.5 | 182.5 | | | |
| Molar Enthalpy | (kJ/kgmole) | -841.3 | -841.3 | | | |
| Molar Entropy | (kJ/kgmole-C) | 110.7 | 110.7 | | | |
| Heat Flow | (kJ/h) | -4.985e+006 | -4.985e+006 | | | |
| Liq Vol Flow @Std Cond | (m3/h) | 1.401e+005 * | 1.401e+005 | | | |

### COMPOSITION

#### Overall Phase

Vapour Fraction 1.0000

| COMPONENTS | MOLAR FLOW (kgmole/h) | MOLE FRACTION | MASS FLOW (kg/h) | MASS FRACTION | LIQUID VOLUME FLOW (m3/h) | LIQUID VOLUME FRACTION |
|---|---|---|---|---|---|---|
| Hydrogen | 4253.1292 * | 0.7177 * | 8574.3087 * | 0.1573 * | 122.7372 * | 0.6724 * |
| Argon | 14.8151 * | 0.0025 * | 591.8351 * | 0.0109 * | 0.4319 * | 0.0024 * |
| Nitrogen | 1564.4784 * | 0.2640 * | 43825.7329 * | 0.8042 * | 54.3491 * | 0.2977 * |
| Methane | 93.6317 * | 0.0158 * | 1502.1234 * | 0.0276 * | 5.0172 * | 0.0275 * |
| Ammonia | 0.0000 * | 0.0000 * | 0.0000 * | 0.0000 * | 0.0000 * | 0.0000 * |
| H2O | 0.0000 * | 0.0000 * | 0.0000 * | 0.0000 * | 0.0000 * | 0.0000 * |
| Total | 5926.0544 | 1.0000 | 54494.0000 | 1.0000 | 182.5355 | 1.0000 |

#### Vapour Phase

Phase Fraction 1.000

| COMPONENTS | MOLAR FLOW (kgmole/h) | MOLE FRACTION | MASS FLOW (kg/h) | MASS FRACTION | LIQUID VOLUME FLOW (m3/h) | LIQUID VOLUME FRACTION |
|---|---|---|---|---|---|---|
| Hydrogen | 4253.1292 | 0.7177 | 8574.3087 | 0.1573 | 122.7372 | 0.6724 |
| Argon | 14.8151 | 0.0025 | 591.8351 | 0.0109 | 0.4319 | 0.0024 |
| Nitrogen | 1564.4784 | 0.2640 | 43825.7329 | 0.8042 | 54.3491 | 0.2977 |
| Methane | 93.6317 | 0.0158 | 1502.1234 | 0.0276 | 5.0172 | 0.0275 |
| Ammonia | 0.0000 | 0.0000 | 0.0000 | 0.0000 | 0.0000 | 0.0000 |
| H2O | 0.0000 | 0.0000 | 0.0000 | 0.0000 | 0.0000 | 0.0000 |
| Total | 5926.0544 | 1.0000 | 54494.0000 | 1.0000 | 182.5355 | 1.0000 |





* Specified by user

| | | | |
|---|---|---|---|
| aspentech | LEGENDS<br>Bedford, MA<br>USA | Case Name: | Group 4 Ammonia.hsc |
| | | Unit Set: | NewUser3 |
| | | Date/Time: | Fri May 12 13:36:58 2017 |

## Material Stream: Vap Purge

Fluid Package: Basis-1

Property Package: Peng-Robinson

### CONDITIONS

| | | Overall | Vapour Phase | Liquid Phase | | |
|---|---|---|---|---|---|---|
| Vapour / Phase Fraction | | 1.0000 | 1.0000 | 0.0000 | | |
| Temperature: | (C) | 8.836 | 8.836 | 8.836 | | |
| Pressure: | (kg/cm2) | 235.0 | 235.0 | 235.0 | | |
| Molar Flow | (kgmole/h) | 959.3 | 959.3 | 0.0000 | | |
| Mass Flow | (kg/h) | 9955 | 9955 | 0.0000 | | |
| Std Ideal Liq Vol Flow | (m3/h) | 30.87 | 30.87 | 0.0000 | | |
| Molar Enthalpy | (kJ/kgmole) | -1.041e+004 | -1.041e+004 | -6.621e+004 | | |
| Molar Entropy | (kJ/kgmole-C) | 96.65 | 96.65 | 78.13 | | |
| Heat Flow | (kJ/h) | -9.982e+006 | -9.982e+006 | 0.0000 | | |
| Liq Vol Flow @Std Cond | (m3/h) | 2.268e+004 * | 2.268e+004 | 0.0000 | | |

### COMPOSITION

#### Overall Phase

Vapour Fraction 1.0000

| COMPONENTS | MOLAR FLOW (kgmole/h) | MOLE FRACTION | MASS FLOW (kg/h) | MASS FRACTION | LIQUID VOLUME FLOW (m3/h) | LIQUID VOLUME FRACTION |
|---|---|---|---|---|---|---|
| Hydrogen | 593.2166 | 0.6184 | 1195.9247 | 0.1201 | 17.1191 | 0.5545 |
| Argon | 13.4230 | 0.0140 | 536.2579 | 0.0539 | 0.3914 | 0.0127 |
| Nitrogen | 209.2325 | 0.2181 | 5861.2310 | 0.5888 | 7.2686 | 0.2354 |
| Methane | 82.0798 | 0.0856 | 1316.7987 | 0.1323 | 4.3982 | 0.1425 |
| Ammonia | 61.3467 | 0.0639 | 1044.7335 | 0.1049 | 1.6958 | 0.0549 |
| H2O | 0.0000 | 0.0000 | 0.0000 | 0.0000 | 0.0000 | 0.0000 |
| Total | 959.2995 | 1.0000 | 9954.9457 | 1.0000 | 30.8731 | 1.0000 |

#### Vapour Phase

Phase Fraction 1.000

| COMPONENTS | MOLAR FLOW (kgmole/h) | MOLE FRACTION | MASS FLOW (kg/h) | MASS FRACTION | LIQUID VOLUME FLOW (m3/h) | LIQUID VOLUME FRACTION |
|---|---|---|---|---|---|---|
| Hydrogen | 593.2166 | 0.6184 | 1195.9247 | 0.1201 | 17.1191 | 0.5545 |
| Argon | 13.4239 | 0.0140 | 536.2579 | 0.0539 | 0.3914 | 0.0127 |
| Nitrogen | 209.2325 | 0.2181 | 5861.2310 | 0.5888 | 7.2686 | 0.2354 |
| Methane | 82.0798 | 0.0856 | 1316.7987 | 0.1323 | 4.3982 | 0.1425 |
| Ammonia | 61.3467 | 0.0639 | 1044.7335 | 0.1049 | 1.6958 | 0.0549 |
| H2O | 0.0000 | 0.0000 | 0.0000 | 0.0000 | 0.0000 | 0.0000 |
| Total | 959.2995 | 1.0000 | 9954.9457 | 1.0000 | 30.8731 | 1.0000 |

#### Liquid Phase

Phase Fraction 0.0000

| COMPONENTS | MOLAR FLOW (kgmole/h) | MOLE FRACTION | MASS FLOW (kg/h) | MASS FRACTION | LIQUID VOLUME FLOW (m3/h) | LIQUID VOLUME FRACTION |
|---|---|---|---|---|---|---|
| Hydrogen | 0.0000 | 0.0162 | 0.0000 | 0.0019 | 0.0000 | 0.0166 |
| Argon | 0.0000 | 0.0039 | 0.0000 | 0.0091 | 0.0000 | 0.0040 |
| Nitrogen | 0.0000 | 0.0037 | 0.0000 | 0.0061 | 0.0000 | 0.0046 |
| Methane | 0.0000 | 0.0157 | 0.0000 | 0.0149 | 0.0000 | 0.0298 |
| Ammonia | 0.0000 | 0.9806 | 0.0000 | 0.9679 | 0.0000 | 0.9450 |
| H2O | 0.0000 | 0.0000 | 0.0000 | 0.0000 | 0.0000 | 0.0000 |
| Total | 0.0000 | 1.0000 | 0.0000 | 1.0000 | 0.0000 | 1.0000 |





* Specified by user.

aspentech

LEGENDS
Bedford, MA
USA

| | |
|---|---|
| Case Name: | Group 4 Ammonia.hsc |
| Unit Set: | NewUser3 |
| Date/Time: | Fri May 12 13:38:58 2017 |

# Material Stream: To 2 Chiller

Fluid Package: Basis-1
Property Package: Peng-Robinson

## CONDITIONS

| | | Overall | Vapour Phase | Liquid Phase | | |
|---|---|---|---|---|---|---|
| Vapour / Phase Fraction | | 0.9014 | 0.9014 | 0.0986 | | |
| Temperature: | (C) | 8.654 | 8.654 | 8.654 | | |
| Pressure: | (kg/cm2) | 235.0 | 235.0 | 235.0 | | |
| Molar Flow | (kgmole/h) | 2.392e+004 | 2.156e+004 | 2359 | | |
| Mass Flow | (kg/h) | 2.555e+005 | 2.157e+005 | 3.982e+004 | | |
| Std Ideal Liq Vol Flow | (m3/h) | 748.4 | 682.4 | 66.02 | | |
| Molar Enthalpy | (kJ/kgmole) | -1.424e+004 | -8546 | -6.626e+004 | | |
| Molar Entropy | (kJ/kgmole-C) | 93.21 | 94.91 | 77.66 | | |
| Heat Flow | (kJ/h) | -3.405e+008 | -1.842e+008 | -1.563e+008 | | |
| Liq Vol Flow @Std Cond | (m3/h) | 5.652e+005 * | 5.097e+005 | 67.75 | | |

## COMPOSITION

### Overall Phase

Vapour Fraction 0.9014

| COMPONENTS | MOLAR FLOW (kgmole/h) | MOLE FRACTION | MASS FLOW (kg/h) | MASS FRACTION | LIQUID VOLUME FLOW (m3/h) | LIQUID VOLUME FRACTION |
|---|---|---|---|---|---|---|
| Hydrogen | 13887.8331 | 0.5807 | 27997.8721 | 0.1096 | 400.7763 | 0.5355 |
| Argon | 232.8534 | 0.0097 | 9302.0288 | 0.0364 | 6.7889 | 0.0091 |
| Nitrogen | 4805.2486 | 0.2009 | 134609.4317 | 0.5268 | 166.9318 | 0.2230 |
| Methane | 1386.8023 | 0.0580 | 22248.3306 | 0.0871 | 74.3112 | 0.0993 |
| Ammonia | 3603.1482 | 0.1507 | 61361.6159 | 0.2401 | 99.6017 | 0.1331 |
| H2O | 0.0000 | 0.0000 | 0.0000 | 0.0000 | 0.0000 | 0.0000 |
| Total | 23915.8856 | 1.0000 | 255519.2790 | 1.0000 | 748.4099 | 1.0000 |

### Vapour Phase

Phase Fraction 0.9014

| COMPONENTS | MOLAR FLOW (kgmole/h) | MOLE FRACTION | MASS FLOW (kg/h) | MASS FRACTION | LIQUID VOLUME FLOW (m3/h) | LIQUID VOLUME FRACTION |
|---|---|---|---|---|---|---|
| Hydrogen | 13849.4028 | 0.6425 | 27920.3966 | 0.1294 | 399.6673 | 0.5857 |
| Argon | 226.0408 | 0.0105 | 9029.8772 | 0.0419 | 6.5903 | 0.0097 |
| Nitrogen | 4796.6398 | 0.2225 | 134368.2735 | 0.6229 | 166.6327 | 0.2442 |
| Methane | 1359.7178 | 0.0631 | 21813.8165 | 0.1011 | 72.8599 | 0.1068 |
| Ammonia | 1325.3007 | 0.0615 | 22569.8717 | 0.1046 | 36.6352 | 0.0537 |
| H2O | 0.0000 | 0.0000 | 0.0000 | 0.0000 | 0.0000 | 0.0000 |
| Total | 21557.1019 | 1.0000 | 215702.2355 | 1.0000 | 682.3854 | 1.0000 |

### Liquid Phase

Phase Fraction 9.863e-002

| COMPONENTS | MOLAR FLOW (kgmole/h) | MOLE FRACTION | MASS FLOW (kg/h) | MASS FRACTION | LIQUID VOLUME FLOW (m3/h) | LIQUID VOLUME FRACTION |
|---|---|---|---|---|---|---|
| Hydrogen | 38.4303 | 0.0163 | 77.4765 | 0.0019 | 1.1090 | 0.0168 |
| Argon | 6.8126 | 0.0029 | 272.1515 | 0.0068 | 0.1986 | 0.0030 |
| Nitrogen | 8.6088 | 0.0036 | 241.1582 | 0.0061 | 0.2991 | 0.0045 |
| Methane | 27.0845 | 0.0115 | 434.5141 | 0.0109 | 1.4513 | 0.0220 |
| Ammonia | 2277.8475 | 0.9657 | 38791.7441 | 0.9742 | 62.9665 | 0.9537 |
| H2O | 0.0000 | 0.0000 | 0.0000 | 0.0000 | 0.0000 | 0.0000 |
| Total | 2358.7837 | 1.0000 | 39817.0435 | 1.0000 | 66.0245 | 1.0000 |





* Specified by user.

| aspen | LEGENDS<br>Bedford, MA<br>USA | Case Name: Group 4 Ammonia.hsc<br>Unit Set: NewUser3<br>Date/Time: Fri May 12 13:38:58 2017 |
|---|---|---|

# Material Stream: To Reactor Split

Fluid Package: Basis-1
Property Package: Peng-Robinson

## CONDITIONS

| | | Overall | Vapour Phase | | | |
|---|---|---|---|---|---|---|
| Vapour / Phase Fraction | | 1.0000 | 1.0000 | | | |
| Temperature: | (C) | 250.0 * | 250.0 | | | |
| Pressure: | (kg/cm2) | 249.0 * | 249.0 | | | |
| Molar Flow | (kgmole/h) | 2.112e+004 | 2.112e+004 | | | |
| Mass Flow | (kg/h) | 2.081e+005 | 2.081e+005 | | | |
| Std Ideal Liq Vol Flow | (m3/h) | 670.6 | 670.6 | | | |
| Molar Enthalpy | (kJ/kgmole) | 126.1 | 126.1 | | | |
| Molar Entropy | (kJ/kgmole-C) | 113.4 | 113.4 | | | |
| Heat Flow | (kJ/h) | 2.663e+006 | 2.663e+006 | | | |
| Liq Vol Flow @Std Cond | (m3/h) | 4.993e+005 * | 4.993e+005 | | | |

## COMPOSITION

### Overall Phase

Vapour Fraction 1.0000

| COMPONENTS | MOLAR FLOW (kgmole/h) | MOLE FRACTION | MASS FLOW (kg/h) | MASS FRACTION | LIQUID VOLUME FLOW (m3/h) | LIQUID VOLUME FRACTION |
|---|---|---|---|---|---|---|
| Hydrogen | 13864.1644 | 0.6565 | 27950.1558 | 0.1343 | 400.0933 | 0.5966 |
| Argon | 227.9796 | 0.0108 | 9107.3301 | 0.0438 | 6.6468 | 0.0099 |
| Nitrogen | 4802.6546 | 0.2274 | 134536.7652 | 0.6465 | 166.8416 | 0.2488 |
| Methane | 1371.7034 | 0.0650 | 22006.1009 | 0.1058 | 73.5021 | 0.1096 |
| Ammonia | 851.1023 | 0.0403 | 14494.2725 | 0.0697 | 23.5270 | 0.0351 |
| H2O | 0.0000 | 0.0000 | 0.0000 | 0.0000 | 0.0000 | 0.0000 |
| Total | 21117.6043 | 1.0000 | 208094.6245 | 1.0000 | 670.6109 | 1.0000 |

### Vapour Phase

Phase Fraction 1.000

| COMPONENTS | MOLAR FLOW (kgmole/h) | MOLE FRACTION | MASS FLOW (kg/h) | MASS FRACTION | LIQUID VOLUME FLOW (m3/h) | LIQUID VOLUME FRACTION |
|---|---|---|---|---|---|---|
| Hydrogen | 13864.1644 | 0.6565 | 27950.1558 | 0.1343 | 400.0933 | 0.5966 |
| Argon | 227.9796 | 0.0108 | 9107.3301 | 0.0438 | 6.6468 | 0.0099 |
| Nitrogen | 4802.6546 | 0.2274 | 134536.7652 | 0.6465 | 166.8416 | 0.2488 |
| Methane | 1371.7034 | 0.0650 | 22006.1009 | 0.1058 | 73.5021 | 0.1096 |
| Ammonia | 851.1023 | 0.0403 | 14494.2725 | 0.0697 | 23.5270 | 0.0351 |
| H2O | 0.0000 | 0.0000 | 0.0000 | 0.0000 | 0.0000 | 0.0000 |
| Total | 21117.6043 | 1.0000 | 208094.6245 | 1.0000 | 670.6109 | 1.0000 |





* Specified by user.

| | | |
|---|---|---|
| aspen LEGENDS<br>Bedford, MA<br>USA | Case Name: | Group 4 Ammonia.hsc |
| | Unit Set: | NewUser3 |
| | Date/Time: | Fri May 12 13:36:58 2017 |

## Material Stream: Reactor 1 In

Fluid Package: Basis-1

Property Package: Peng-Robinson

### CONDITIONS

| | | Overall | Vapour Phase | | | |
|---|---|---|---|---|---|---|
| Vapour / Phase Fraction | | 1.0000 | 1.0000 | | | |
| Temperature: | (C) | 385.0 * | 385.0 | | | |
| Pressure: | (kg/cm2) | 248.0 * | 248.0 | | | |
| Molar Flow | (kgmole/h) | 2.112e+004 | 2.112e+004 | | | |
| Mass Flow | (kg/h) | 2.081e+005 | 2.081e+005 | | | |
| Std Ideal Liq Vol Flow | (m3/h) | 670.6 | 670.6 | | | |
| Molar Enthalpy | (kJ/kgmole) | 4498 | 4498 | | | |
| Molar Entropy | (kJ/kgmole-C) | 120.8 | 120.8 | | | |
| Heat Flow | (kJ/h) | 9.499e+007 | 9.499e+007 | | | |
| Liq Vol Flow @Std Cond | (m3/h) | 4.993e+005 * | 4.993e+005 | | | |

### COMPOSITION

#### Overall Phase

Vapour Fraction 1.0000

| COMPONENTS | MOLAR FLOW (kgmole/h) | MOLE FRACTION | MASS FLOW (kg/h) | MASS FRACTION | LIQUID VOLUME FLOW (m3/h) | LIQUID VOLUME FRACTION |
|---|---|---|---|---|---|---|
| Hydrogen | 13864.1644 | 0.6565 | 27950.1558 | 0.1343 | 400.0933 | 0.5966 |
| Argon | 227.9796 | 0.0108 | 9107.3301 | 0.0438 | 6.6468 | 0.0099 |
| Nitrogen | 4802.6546 | 0.2274 | 134536.7652 | 0.6465 | 166.8416 | 0.2488 |
| Methane | 1371.7034 | 0.0650 | 22006.1009 | 0.1058 | 73.5021 | 0.1096 |
| Ammonia | 851.1023 | 0.0403 | 14494.2725 | 0.0697 | 23.5270 | 0.0351 |
| H2O | 0.0000 | 0.0000 | 0.0000 | 0.0000 | 0.0000 | 0.0000 |
| Total | 21117.6043 | 1.0000 | 208094.6245 | 1.0000 | 670.6109 | 1.0000 |

#### Vapour Phase

Phase Fraction 1.000

| COMPONENTS | MOLAR FLOW (kgmole/h) | MOLE FRACTION | MASS FLOW (kg/h) | MASS FRACTION | LIQUID VOLUME FLOW (m3/h) | LIQUID VOLUME FRACTION |
|---|---|---|---|---|---|---|
| Hydrogen | 13864.1644 | 0.6565 | 27950.1558 | 0.1343 | 400.0933 | 0.5966 |
| Argon | 227.9796 | 0.0108 | 9107.3301 | 0.0438 | 6.6468 | 0.0099 |
| Nitrogen | 4802.6546 | 0.2274 | 134536.7652 | 0.6465 | 166.8416 | 0.2488 |
| Methane | 1371.7034 | 0.0650 | 22006.1009 | 0.1058 | 73.5021 | 0.1096 |
| Ammonia | 851.1023 | 0.0403 | 14494.2725 | 0.0697 | 23.5270 | 0.0351 |
| H2O | 0.0000 | 0.0000 | 0.0000 | 0.0000 | 0.0000 | 0.0000 |
| Total | 21117.6043 | 1.0000 | 208094.6245 | 1.0000 | 670.6109 | 1.0000 |

Aspen Technology Inc. Aspen HYSYS Version 8.8 (34.0.0.8909) Page 6 of 25



* Specified by user.

| aspentech | LEGENDS<br>Bedford, MA<br>USA | Case Name: | Group 4 Ammonia.hsc |
|---|---|---|---|
| | | Unit Set: | NewUser3 |
| | | Date/Time: | Fri May 12 13:38:58 2017 |

## Material Stream: Reactor 2 In

Fluid Package: Basis-1

Property Package: Peng-Robinson

### CONDITIONS

| | | Overall | Vapour Phase | | | |
|---|---|---|---|---|---|---|
| Vapour / Phase Fraction | | 1.0000 | 1.0000 | | | |
| Temperature: | (C) | 454.0 | 454.0 | | | |
| Pressure: | (kg/cm2) | 245.0 * | 245.0 | | | |
| Molar Flow | (kgmole/h) | 1.931e+004 | 1.931e+004 | | | |
| Mass Flow | (kg/h) | 2.081e+005 | 2.081e+005 | | | |
| Std Ideal Liq Vol Flow | (m3/h) | 610.9 | 610.9 | | | |
| Molar Enthalpy | (kJ/kgmole) | 2318 | 2318 | | | |
| Molar Entropy | (kJ/kgmole-C) | 131.1 | 131.1 | | | |
| Heat Flow | (kJ/h) | 4.476e+007 | 4.476e+007 | | | |
| Liq Vol Flow @Std Cond | (m3/h) | 4.564e+005 * | 4.564e+005 | | | |

### COMPOSITION

#### Overall Phase

Vapour Fraction 1.0000

| COMPONENTS | MOLAR FLOW (kgmole/h) | MOLE FRACTION | MASS FLOW (kg/h) | MASS FRACTION | LIQUID VOLUME FLOW (m3/h) | LIQUID VOLUME FRACTION |
|---|---|---|---|---|---|---|
| Hydrogen | 11152.4628 | 0.5776 | 22483.3653 | 0.1080 | 321.8387 | 0.5268 |
| Argon | 227.9796 | 0.0118 | 9107.3301 | 0.0438 | 6.6468 | 0.0109 |
| Nitrogen | 3898.7541 | 0.2019 | 109215.7995 | 0.5248 | 135.4406 | 0.2217 |
| Methane | 1371.7034 | 0.0710 | 22006.1009 | 0.1058 | 73.5021 | 0.1203 |
| Ammonia | 2658.9033 | 0.1377 | 45281.1254 | 0.2176 | 73.5000 | 0.1203 |
| H2O | 0.0000 | 0.0000 | 0.0000 | 0.0000 | 0.0000 | 0.0000 |
| Total | 19309.8032 | 1.0000 | 208093.7212 | 1.0000 | 610.9283 | 1.0000 |

#### Vapour Phase

Phase Fraction 1.000

| COMPONENTS | MOLAR FLOW (kgmole/h) | MOLE FRACTION | MASS FLOW (kg/h) | MASS FRACTION | LIQUID VOLUME FLOW (m3/h) | LIQUID VOLUME FRACTION |
|---|---|---|---|---|---|---|
| Hydrogen | 11152.4628 | 0.5776 | 22483.3653 | 0.1080 | 321.8387 | 0.5268 |
| Argon | 227.9796 | 0.0118 | 9107.3301 | 0.0438 | 6.6468 | 0.0109 |
| Nitrogen | 3898.7541 | 0.2019 | 109215.7995 | 0.5248 | 135.4406 | 0.2217 |
| Methane | 1371.7034 | 0.0710 | 22006.1009 | 0.1058 | 73.5021 | 0.1203 |
| Ammonia | 2658.9033 | 0.1377 | 45281.1254 | 0.2176 | 73.5000 | 0.1203 |
| H2O | 0.0000 | 0.0000 | 0.0000 | 0.0000 | 0.0000 | 0.0000 |
| Total | 19309.8032 | 1.0000 | 208093.7212 | 1.0000 | 610.9283 | 1.0000 |





* Specified by user.

| aspen | LEGENDS<br>Bedford, MA<br>USA | Case Name: | Group 4 Ammonia.hsc |
|---|---|---|---|
| | | Unit Set: | NewUser3 |
| | | Date/Time: | Fri May 12 13:36:58 2017 |

## Material Stream: Reactor 3 In

Fluid Package: Basis-1

Property Package: Peng-Robinson

### CONDITIONS

| | | Overall | Vapour Phase | | | |
|---|---|---|---|---|---|---|
| Vapour / Phase Fraction | | 1.0000 | 1.0000 | | | |
| Temperature: | (C) | 435.0 | 435.0 | | | |
| Pressure: | (kg/cm2) | 243.0 * | 243.0 | | | |
| Molar Flow | (kgmole/h) | 1.878e+004 | 1.878e+004 | | | |
| Mass Flow | (kg/h) | 2.081e+005 | 2.081e+005 | | | |
| Std Ideal Liq Vol Flow | (m3/h) | 593.3 | 593.3 | | | |
| Molar Enthalpy | (kJ/kgmole) | 141.8 | 141.8 | | | |
| Molar Entropy | (kJ/kgmole-C) | 132.3 | 132.3 | | | |
| Heat Flow | (kJ/h) | 2.663e+006 | 2.663e+006 | | | |
| Liq Vol Flow @Std Cond | (m3/h) | 4.437e+005 * | 4.437e+005 | | | |

### COMPOSITION

#### Overall Phase

Vapour Fraction 1.0000

| COMPONENTS | MOLAR FLOW (kgmole/h) | MOLE FRACTION | MASS FLOW (kg/h) | MASS FRACTION | LIQUID VOLUME FLOW (m3/h) | LIQUID VOLUME FRACTION |
|---|---|---|---|---|---|---|
| Hydrogen | 10353.1941 | 0.5514 | 20872.0397 | 0.1003 | 298.7734 | 0.5035 |
| Argon | 227.9796 | 0.0121 | 9107.3301 | 0.0438 | 6.6468 | 0.0112 |
| Nitrogen | 3632.3312 | 0.1934 | 101752.4956 | 0.4890 | 126.1852 | 0.2127 |
| Methane | 1371.7034 | 0.0731 | 22006.1009 | 0.1058 | 73.5021 | 0.1239 |
| Ammonia | 3191.7491 | 0.1700 | 54355.4886 | 0.2612 | 88.2294 | 0.1487 |
| H2O | 0.0000 | 0.0000 | 0.0000 | 0.0000 | 0.0000 | 0.0000 |
| Total | 18776.9574 | 1.0000 | 208093.4549 | 1.0000 | 593.3370 | 1.0000 |

#### Vapour Phase

Phase Fraction 1.000

| COMPONENTS | MOLAR FLOW (kgmole/h) | MOLE FRACTION | MASS FLOW (kg/h) | MASS FRACTION | LIQUID VOLUME FLOW (m3/h) | LIQUID VOLUME FRACTION |
|---|---|---|---|---|---|---|
| Hydrogen | 10353.1941 | 0.5514 | 20872.0397 | 0.1003 | 298.7734 | 0.5035 |
| Argon | 227.9796 | 0.0121 | 9107.3301 | 0.0438 | 6.6468 | 0.0112 |
| Nitrogen | 3632.3312 | 0.1934 | 101752.4956 | 0.4890 | 126.1852 | 0.2127 |
| Methane | 1371.7034 | 0.0731 | 22006.1009 | 0.1058 | 73.5021 | 0.1239 |
| Ammonia | 3191.7491 | 0.1700 | 54355.4886 | 0.2612 | 88.2294 | 0.1487 |
| H2O | 0.0000 | 0.0000 | 0.0000 | 0.0000 | 0.0000 | 0.0000 |
| Total | 18776.9574 | 1.0000 | 208093.4549 | 1.0000 | 593.3370 | 1.0000 |



* Specified by user.

| aspentech | LEGENDS<br>Bedford, MA<br>USA | Case Name: Group 4 Ammonia.hsc<br>Unit Set: NewUser3<br>Date/Time: Fri May 12 13:38:58 2017 |
|---|---|---|

## Material Stream: Recycle

Fluid Package: Basis-1

Property Package: Peng-Robinson

### CONDITIONS

| | | Overall | Vapour Phase | Liquid Phase | | |
|---|---|---|---|---|---|---|
| Vapour / Phase Fraction | | 1.0000 | 1.0000 | 0.0000 | | |
| Temperature: | (C) | -5.000 | -5.000 | -5.000 | | |
| Pressure: | (kg/cm2) | 234.0 | 234.0 | 234.0 | | |
| Molar Flow | (kgmole/h) | 2.108e+004 | 2.108e+004 | 0.0000 | | |
| Mass Flow | (kg/h) | 2.075e+005 | 2.075e+005 | 0.0000 | | |
| Std Ideal Liq Vol Flow | (m3/h) | 669.1 | 669.1 | 0.0000 | | |
| Molar Enthalpy | (kJ/kgmole) | -8026 | -8026 | -6.765e+004 | | |
| Molar Entropy | (kJ/kgmole-C) | 92.34 | 92.34 | 73.58 | | |
| Heat Flow | (kJ/h) | -1.692e+008 | -1.692e+008 | 0.0000 | | |
| Liq Vol Flow @Std Cond | (m3/h) | 4.984e+005 * | 4.984e+005 | 0.0000 | | |

### COMPOSITION

#### Overall Phase

Vapour Fraction 1.0000

| COMPONENTS | MOLAR FLOW (kgmole/h) | MOLE FRACTION | MASS FLOW (kg/h) | MASS FRACTION | LIQUID VOLUME FLOW (m3/h) | LIQUID VOLUME FRACTION |
|---|---|---|---|---|---|---|
| Hydrogen | 13851.5774 | 0.6571 | 27924.7806 | 0.1346 | 399.7300 | 0.5974 |
| Argon | 224.6145 | 0.0107 | 8972.8995 | 0.0432 | 6.5487 | 0.0098 |
| Nitrogen | 4797.6751 | 0.2276 | 134397.2745 | 0.6477 | 166.6687 | 0.2491 |
| Methane | 1356.5206 | 0.0644 | 21762.5237 | 0.1049 | 72.6886 | 0.1086 |
| Ammonia | 848.6679 | 0.0403 | 14452.8156 | 0.0696 | 23.4597 | 0.0351 |
| H2O | 0.0000 | 0.0000 | 0.0000 | 0.0000 | 0.0000 | 0.0000 |
| Total | 21079.0555 | 1.0000 | 207510.2939 | 1.0000 | 669.0957 | 1.0000 |

#### Vapour Phase

Phase Fraction 1.000

| COMPONENTS | MOLAR FLOW (kgmole/h) | MOLE FRACTION | MASS FLOW (kg/h) | MASS FRACTION | LIQUID VOLUME FLOW (m3/h) | LIQUID VOLUME FRACTION |
|---|---|---|---|---|---|---|
| Hydrogen | 13851.5774 | 0.6571 | 27924.7806 | 0.1346 | 399.7300 | 0.5974 |
| Argon | 224.6145 | 0.0107 | 8972.8995 | 0.0432 | 6.5487 | 0.0098 |
| Nitrogen | 4797.6751 | 0.2276 | 134397.2745 | 0.6477 | 166.6687 | 0.2491 |
| Methane | 1356.5206 | 0.0644 | 21762.5237 | 0.1049 | 72.6886 | 0.1086 |
| Ammonia | 848.6679 | 0.0403 | 14452.8156 | 0.0696 | 23.4597 | 0.0351 |
| H2O | 0.0000 | 0.0000 | 0.0000 | 0.0000 | 0.0000 | 0.0000 |
| Total | 21079.0555 | 1.0000 | 207510.2939 | 1.0000 | 669.0957 | 1.0000 |

#### Liquid Phase

Phase Fraction 0.0000

| COMPONENTS | MOLAR FLOW (kgmole/h) | MOLE FRACTION | MASS FLOW (kg/h) | MASS FRACTION | LIQUID VOLUME FLOW (m3/h) | LIQUID VOLUME FRACTION |
|---|---|---|---|---|---|---|
| Hydrogen | 0.0000 | 0.0128 | 0.0000 | 0.0015 | 0.0000 | 0.0132 |
| Argon | 0.0000 | 0.0029 | 0.0000 | 0.0069 | 0.0000 | 0.0030 |
| Nitrogen | 0.0000 | 0.0027 | 0.0000 | 0.0044 | 0.0000 | 0.0033 |
| Methane | 0.0000 | 0.0107 | 0.0000 | 0.0101 | 0.0000 | 0.0205 |
| Ammonia | 0.0000 | 0.9710 | 0.0000 | 0.9771 | 0.0000 | 0.9600 |
| H2O | 0.0000 | 0.0000 | 0.0000 | 0.0000 | 0.0000 | 0.0000 |
| Total | 0.0000 | 1.0000 | 0.0000 | 1.0000 | 0.0000 | 1.0000 |





* Specified by user.

| aspentech | LEGENDS<br>Bedford, MA<br>USA | Case Name: | Group 4 Ammonia.hsc |
|---|---|---|---|
| | | Unit Set: | NewUser3 |
| | | Date/Time: | Fri May 12 13:38:58 2017 |

## Material Stream: Reactor 3 Vap

Fluid Package: Basis-1

Property Package: Peng-Robinson

### CONDITIONS

| | | Overall | Vapour Phase | Liquid Phase | | |
|---|---|---|---|---|---|---|
| Vapour / Phase Fraction | | 1.0000 | 1.0000 | 0.0000 | | |
| Temperature: | (C) | 473.1 | 473.1 | 473.1 | | |
| Pressure: | (kg/cm2) | 243.0 | 243.0 | 243.0 | | |
| Molar Flow | (kgmole/h) | 1.830e+004 | 1.830e+004 | 0.0000 | | |
| Mass Flow | (kg/h) | 2.081e+005 | 2.081e+005 | 0.0000 | | |
| Std Ideal Liq Vol Flow | (m3/h) | 577.7 | 577.7 | 0.0000 | | |
| Molar Enthalpy | (kJ/kgmole) | 145.5 | 145.5 | 78.35 | | |
| Molar Entropy | (kJ/kgmole-C) | 136.1 | 136.1 | 136.2 | | |
| Heat Flow | (kJ/h) | 2.663e+006 | 2.663e+006 | 0.0000 | | |
| Liq Vol Flow @Std Cond | (m3/h) | 4.324e+005 * | 4.324e+005 | 0.0000 | | |

### COMPOSITION

#### Overall Phase

Vapour Fraction 1.0000

| COMPONENTS | MOLAR FLOW (kgmole/h) | MOLE FRACTION | MASS FLOW (kg/h) | MASS FRACTION | LIQUID VOLUME FLOW (m3/h) | LIQUID VOLUME FRACTION |
|---|---|---|---|---|---|---|
| Hydrogen | 9644.0751 | 0.5269 | 19442.4557 | 0.0934 | 278.3096 | 0.4817 |
| Argon | 227.9796 | 0.0125 | 9107.3301 | 0.0438 | 6.6468 | 0.0115 |
| Nitrogen | 3395.9586 | 0.1855 | 95130.9886 | 0.4572 | 117.9738 | 0.2042 |
| Methane | 1371.7034 | 0.0749 | 22006.1009 | 0.1058 | 73.5021 | 0.1272 |
| Ammonia | 3664.4948 | 0.2002 | 62406.3494 | 0.2999 | 101.2975 | 0.1753 |
| H2O | 0.0000 | 0.0000 | 0.0000 | 0.0000 | 0.0000 | 0.0000 |
| Total | 18304.2115 | 1.0000 | 208093.2247 | 1.0000 | 577.7298 | 1.0000 |

#### Vapour Phase

Phase Fraction 1.000

| COMPONENTS | MOLAR FLOW (kgmole/h) | MOLE FRACTION | MASS FLOW (kg/h) | MASS FRACTION | LIQUID VOLUME FLOW (m3/h) | LIQUID VOLUME FRACTION |
|---|---|---|---|---|---|---|
| Hydrogen | 9644.0751 | 0.5269 | 19442.4557 | 0.0934 | 278.3096 | 0.4817 |
| Argon | 227.9796 | 0.0125 | 9107.3301 | 0.0438 | 6.6468 | 0.0115 |
| Nitrogen | 3395.9586 | 0.1855 | 95130.9886 | 0.4572 | 117.9738 | 0.2042 |
| Methane | 1371.7034 | 0.0749 | 22006.1009 | 0.1058 | 73.5021 | 0.1272 |
| Ammonia | 3664.4948 | 0.2002 | 62406.3494 | 0.2999 | 101.2975 | 0.1753 |
| H2O | 0.0000 | 0.0000 | 0.0000 | 0.0000 | 0.0000 | 0.0000 |
| Total | 18304.2115 | 1.0000 | 208093.2247 | 1.0000 | 577.7298 | 1.0000 |

#### Liquid Phase

Phase Fraction 0.0000

| COMPONENTS | MOLAR FLOW (kgmole/h) | MOLE FRACTION | MASS FLOW (kg/h) | MASS FRACTION | LIQUID VOLUME FLOW (m3/h) | LIQUID VOLUME FRACTION |
|---|---|---|---|---|---|---|
| Hydrogen | 0.0000 | 0.5257 | 0.0000 | 0.0931 | 0.0000 | 0.4806 |
| Argon | 0.0000 | 0.0125 | 0.0000 | 0.0438 | 0.0000 | 0.0115 |
| Nitrogen | 0.0000 | 0.1853 | 0.0000 | 0.4559 | 0.0000 | 0.2039 |
| Methane | 0.0000 | 0.0752 | 0.0000 | 0.1060 | 0.0000 | 0.1276 |
| Ammonia | 0.0000 | 0.2014 | 0.0000 | 0.3013 | 0.0000 | 0.1764 |
| H2O | 0.0000 | 0.0000 | 0.0000 | 0.0000 | 0.0000 | 0.0000 |
| Total | 0.0000 | 1.0000 | 0.0000 | 1.0000 | 0.0000 | 1.0000 |

| | | |
|---|---|---|
| aspentech | LEGENDS<br>Bedford, MA<br>USA | Case Name: Group 4 Ammonia.hsc<br>Unit Set: NewUser3<br>Date/Time: Fri May 12 13:38:58 2017 |

## Material Stream: Liquid Product

Fluid Package: Basis-1
Property Package: Peng-Robinson

### CONDITIONS

| | | Overall | Vapour Phase | Liquid Phase | | |
|---|---|---|---|---|---|---|
| Vapour / Phase Fraction | | 0.0000 | 0.0000 | 1.0000 | | |
| Temperature: | (C) | -5.000 | -5.000 | -5.000 | | |
| Pressure: | (kg/cm2) | 234.0 | 234.0 | 234.0 | | |
| Molar Flow | (kgmole/h) | 2837 | 0.0000 | 2837 | | |
| Mass Flow | (kg/h) | 4.801e+004 | 0.0000 | 4.801e+004 | | |
| Std Ideal Liq Vol Flow | (m3/h) | 79.31 | 0.0000 | 79.31 | | |
| Molar Enthalpy | (kJ/kgmole) | -6.765e+004 | -8026 | -6.765e+004 | | |
| Molar Entropy | (kJ/kgmole-C) | 73.58 | 92.34 | 73.58 | | |
| Heat Flow | (kJ/h) | -1.919e+008 | 0.0000 | -1.919e+008 | | |
| Liq Vol Flow @Std Cond | (m3/h) | 81.05 * | 0.0000 | 81.05 | | |

### COMPOSITION

#### Overall Phase

Vapour Fraction 0.0000

| COMPONENTS | MOLAR FLOW (kgmole/h) | MOLE FRACTION | MASS FLOW (kg/h) | MASS FRACTION | LIQUID VOLUME FLOW (m3/h) | LIQUID VOLUME FRACTION |
|---|---|---|---|---|---|---|
| Hydrogen | 36.2557 | 0.0128 | 73.0915 | 0.0015 | 1.0463 | 0.0132 |
| Argon | 8.2389 | 0.0029 | 329.1292 | 0.0069 | 0.2402 | 0.0030 |
| Nitrogen | 7.5735 | 0.0027 | 212.1572 | 0.0044 | 0.2631 | 0.0033 |
| Methane | 30.2817 | 0.0107 | 485.8069 | 0.0101 | 1.6226 | 0.0205 |
| Ammonia | 2754.4802 | 0.9710 | 46908.8003 | 0.9771 | 76.1420 | 0.9600 |
| H2O | 0.0000 | 0.0000 | 0.0000 | 0.0000 | 0.0000 | 0.0000 |
| Total | 2836.8301 | 1.0000 | 48008.9851 | 1.0000 | 79.3142 | 1.0000 |

#### Vapour Phase

Phase Fraction 0.0000

| COMPONENTS | MOLAR FLOW (kgmole/h) | MOLE FRACTION | MASS FLOW (kg/h) | MASS FRACTION | LIQUID VOLUME FLOW (m3/h) | LIQUID VOLUME FRACTION |
|---|---|---|---|---|---|---|
| Hydrogen | 0.0000 | 0.6571 | 0.0000 | 0.1346 | 0.0000 | 0.5974 |
| Argon | 0.0000 | 0.0107 | 0.0000 | 0.0432 | 0.0000 | 0.0098 |
| Nitrogen | 0.0000 | 0.2276 | 0.0000 | 0.6477 | 0.0000 | 0.2491 |
| Methane | 0.0000 | 0.0644 | 0.0000 | 0.1049 | 0.0000 | 0.1086 |
| Ammonia | 0.0000 | 0.0403 | 0.0000 | 0.0696 | 0.0000 | 0.0351 |
| H2O | 0.0000 | 0.0000 | 0.0000 | 0.0000 | 0.0000 | 0.0000 |
| Total | 0.0000 | 1.0000 | 0.0000 | 1.0000 | 0.0000 | 1.0000 |

#### Liquid Phase

Phase Fraction 1.000

| COMPONENTS | MOLAR FLOW (kgmole/h) | MOLE FRACTION | MASS FLOW (kg/h) | MASS FRACTION | LIQUID VOLUME FLOW (m3/h) | LIQUID VOLUME FRACTION |
|---|---|---|---|---|---|---|
| Hydrogen | 36.2557 | 0.0128 | 73.0915 | 0.0015 | 1.0463 | 0.0132 |
| Argon | 8.2389 | 0.0029 | 329.1292 | 0.0069 | 0.2402 | 0.0030 |
| Nitrogen | 7.5735 | 0.0027 | 212.1572 | 0.0044 | 0.2631 | 0.0033 |
| Methane | 30.2817 | 0.0107 | 485.8069 | 0.0101 | 1.6226 | 0.0205 |
| Ammonia | 2754.4802 | 0.9710 | 46908.8003 | 0.9771 | 76.1420 | 0.9600 |
| H2O | 0.0000 | 0.0000 | 0.0000 | 0.0000 | 0.0000 | 0.0000 |
| Total | 2836.8301 | 1.0000 | 48008.9851 | 1.0000 | 79.3142 | 1.0000 |

Aspen Technology Inc. Aspen HYSYS Version 8.8 (34.0.0.8909) Page 11 of 25

Licensed to: LEGENDS

* Specified by user.

### 7.3.3 Wymienniki ciepła

| | | |
|---|---|---|
| aspen | LEGENDS<br>Bedford, MA<br>USA | Case Name: Group 4 Ammonia.hsc<br>Unit Set: NewUser3<br>Date/Time: Fri May 12 13:38:58 2017 |

**Heat Exchanger: 1 Chiller**

**CONNECTIONS**

| Tube Side | | | | Shell Side | | | |
|---|---|---|---|---|---|---|---|
| Inlet | | Outlet | | Inlet | | Outlet | |
| Name | To 1 Chiller | Name | To 2 Cooler | Name | Coolant Ammonia In | Name | ia Coolant Sepaartor In |
| From Op. | 1 Cooler | To Op. | 2 Cooler | From Op. | | To Op. | onia Coolant Separator |
| Op. Type | Heat Exchanger | Op. Type | Heat Exchanger | Op. Type | | Op. Type | Separator |
| Temp | 30.00 C * | Temp | 18.00 C * | Temp | 10.00 C * | Temp | 9.03 C |

**PARAMETERS**

| | | | | | |
|---|---|---|---|---|---|
| Heat Exchanger Model: | | | Simple End Point | | |
| Tube Side DeltaP: | 98.07 kPa | Shell Side DeltaP: | 49.03 kPa | Passes: | |
| UA: | 1.301e+006 kJ/C-h | Tolerance: | 1.0000e-04 | | |

| Tube Side Data | | Shell Side Data | |
|---|---|---|---|
| Heat Transfer Coeff | | Heat Transfer Coeff | |
| Tube Pressure Drop | 98.07 kPa | Shell Pressure Drop | 49.03 kPa |
| Fouling | 0.00000 C-h-m2/kJ | Fouling | 0.00000 C-h-m2/kJ |
| Tube Length | 6.00 m | Shell Passes | 1 |
| Tube O.D. | 20.00 mm | Shell Series | 1 |
| Tube Thickness | 2.0000 mm | Shell Parallel | 1 |
| Tube Pitch | 50.0000 mm | Baffle Type | Single |
| Orientation | Horizontal | Baffle Cut(%Area) | 20.00 |
| Passes Per Shell | 2 | Baffle Orientation | Horizontal |
| Tubes Per Shell | 160 * | Spacing | 800.0000 mm |
| Layout Angle | Triangular (30 degrees) | Diameter | 739.0488 mm |
| TEMA Type | A E L | Area | 60.32 m2 |

**RATING**

**Sizing**

**Overall Data**

Configuration

| | | | | | |
|---|---|---|---|---|---|
| # of Shells in Series | 1 | Tube Passes per Shell | 2 | Elevation (Base) | 0.0000 m |
| # of Shells in Parallel | 1 | Exchange Orientation | Horizontal | First Tube Pass Flow Direction | Counter |

| | | | |
|---|---|---|---|
| TEMA Type: | A | E | L |

Calculated Information

| | | | |
|---|---|---|---|
| Shell HT Coeff | | Tube HT Coeff | |
| Overall U | 2.157e+004 kJ/h-m2-C | Overall UA | 1.301e+006 kJ/C-h |
| Shell DP | 49.03 kPa | Tube DP | 98.07 kPa |
| Shell Vol per Shell | 2.272 m3 | Tube Vol per Shell | 0.1930 m3 |
| HT Area per Shell | 60.32 m2 | | |

**Shell Data**

Shell and Tube Bundle

| | | | | | |
|---|---|---|---|---|---|
| Shell Diameter (mm) | 739.0 | Tube Pitch (mm) | 50.00 | Shell Fouling (C-h-m2/kJ) | 0.0000 |
| # of Tubes per Shell | 160 * | Tube Layout Angle | | Triangular (30 degrees) | |

Shell Baffles

| | | | |
|---|---|---|---|
| Shell Baffle Type | Single | Shell Baffle Orientation | Horizontal |
| Baffle Cut (%Area) | 20.00 | Baffle Spacing | 800.0 mm |

**Tube Data**

Dimensions

| | | | | | | | |
|---|---|---|---|---|---|---|---|
| OD (mm) | 20.00 | ID (mm) | 16.00 | Tube Thickness (mm) | 2.000 | Tube Length (m) | 6.000 |

Tube Properties

| | | | | | | | |
|---|---|---|---|---|---|---|---|
| Tube Fouling (C-h-m2/kJ) | 0.0000 | Thermal Cond. (W/m-K) | 45.00 | Wall Cp (kJ/kg-C) | | Wall Density (kg/m3) | |

Aspen Technology Inc. Aspen HYSYS Version 8.8 (34.0.0.8909) Page 12 of 25

Licensed to: LEGENDS * Specified by user

| | | | |
|---|---|---|---|
| aspen | LEGENDS<br>Bedford, MA<br>USA | Case Name: | Group 4 Ammonia.hsc |
| | | Unit Set: | NewUser3 |
| | | Date/Time: | Fri May 12 13:38:58 2017 |

# Heat Exchanger: 1 Cooler

## CONNECTIONS

| Tube Side | | | | Shell Side | | | |
|---|---|---|---|---|---|---|---|
| Inlet | | Outlet | | Inlet | | Outlet | |
| Name | To 1 Cooler | Name | To 1 Chiller | Name | Coolant to 1 Cooler | Name | To Comp 2 |
| From Op. | Water Cooler | To Op. | 1 Chiller | From Op. | 2 Cooler | To Op. | Compressor 2 |
| Op. Type | Heat Exchanger | Op. Type | Heat Exchanger | Op. Type | Heat Exchanger | Op. Type | Compressor |
| Temp | 36.00 C * | Temp | 30.00 C * | Temp | 12.15 C | Temp | 25.99 C |

## PARAMETERS

| Heat Exchanger Model: | | Simple End Point | | |
|---|---|---|---|---|
| Tube Side DeltaP: | 98.07 kPa | Shell Side DeltaP: | 98.07 kPa | Passes: |
| UA: | 7.083e+005 kJ/C-h | Tolerance: | 1.0000e-04 | |

| Tube Side Data | | Shell Side Data | |
|---|---|---|---|
| Heat Transfer Coeff | | Heat Transfer Coeff | |
| Tube Pressure Drop | 98.07 kPa | Shell Pressure Drop | 98.07 kPa |
| Fouling | 0.00000 C-h-m2/kJ | Fouling | 0.00000 C-h-m2/kJ |
| Tube Length | 6.00 m | Shell Passes | 1 |
| Tube O.D. | 20.00 mm | Shell Series | 1 |
| Tube Thickness | 2.0000 mm | Shell Parallel | 1 |
| Tube Pitch | 50.0000 mm | Baffle Type | Single |
| Orientation | Horizontal | Baffle Cut(%Area) | 20.00 |
| Passes Per Shell | 2 | Baffle Orientation | Horizontal |
| Tubes Per Shell | 160 * | Spacing | 800.0000 mm |
| Layout Angle | Triangular (30 degrees) | Diameter | 739.0488 mm |
| TEMA Type | A E L | Area | 60.32 m2 |

## RATING

### Sizing

### Overall Data

Configuration

| | | | | | |
|---|---|---|---|---|---|
| # of Shells in Series | 1 | Tube Passes per Shell | 2 | Elevation (Base) | 0.0000 m |
| # of Shells in Parallel | 1 | Exchange Orientation | Horizontal | First Tube Pass Flow Direction | Counter |

| TEMA Type: | A | E | L |
|---|---|---|---|

Calculated Information

| | | | |
|---|---|---|---|
| Shell HT Coeff | | Tube HT Coeff | |
| Overall U | 1.174e+004 kJ/h-m2-C | Overall UA | 7.083e+005 kJ/C-h |
| Shell DP | 98.07 kPa | Tube DP | 98.07 kPa |
| Shell Vol per Shell | 2.272 m3 | Tube Vol per Shell | 0.1930 m3 |
| HT Area per Shell | 60.32 m2 | | |

### Shell Data

Shell and Tube Bundle

| | | | | | |
|---|---|---|---|---|---|
| Shell Diameter (mm) | 739.0 | Tube Pitch (mm) | 50.00 | Shell Fouling (C-h-m2/kJ) | 0.0000 |
| # of Tubes per Shell | 160 * | Tube Layout Angle | | Triangular (30 degrees) | |

Shell Baffles

| | | | |
|---|---|---|---|
| Shell Baffle Type | Single | Shell Baffle Orientation | Horizontal |
| Baffle Cut (%Area) | 20.00 | Baffle Spacing | 800.0 mm |

### Tube Data

Dimensions

| | | | | | | | |
|---|---|---|---|---|---|---|---|
| OD (mm) | 20.00 | ID (mm) | 16.00 | Tube Thickness (mm) | 2.000 | Tube Length (m) | 6.000 |

Tube Properties

| | | | | | | | |
|---|---|---|---|---|---|---|---|
| Tube Fouling (C-h-m2/kJ) | 0.0000 | Thermal Cond. (W/m-K) | 45.00 | Wall Cp (kJ/kg-C) | | Wall Density (kg/m3) | |


* Specified by user.

aspen LEGENDS
Bedford, MA
USA

| | |
|---|---|
| Case Name: | Group 4 Ammonia.hsc |
| Unit Set: | NewUser3 |
| Date/Time: | Fri May 12 13:36:58 2017 |

# Heat Exchanger: 2 Chiller

## CONNECTIONS

| Tube Side | | | | Shell Side | | | |
|---|---|---|---|---|---|---|---|
| Inlet | | Outlet | | Inlet | | Outlet | |
| Name | To 2 Chiller | Name | To Sep | Name | nia Coolant 2 Chiller in | Name | Ammonia Coolant out |
| From Op. | Loop Mixer | To Op. | Product Separator | From Op. | PC-Valve 2 | To Op. | |
| Op. Type | Mixer | Op. Type | Separator | Op. Type | Valve | Op. Type | |
| Temp | 8.65 C | Temp | -5.00 C * | Temp | -17.86 C | Temp | -18.97 C |

## PARAMETERS

Heat Exchanger Model: Simple End Point

| | | | | |
|---|---|---|---|---|
| Tube Side DeltaP: | 98.07 kPa | Shell Side DeltaP: | 9.807 kPa | Passes: |
| UA: | 1.065e+006 kJ/C-h | Tolerance: | 1.0000e-04 | |

| Tube Side Data | | Shell Side Data | |
|---|---|---|---|
| Heat Transfer Coeff | | Heat Transfer Coeff | |
| Tube Pressure Drop | 98.07 kPa | Shell Pressure Drop | 9.81 kPa |
| Fouling | 0.00000 C-h-m2/kJ | Fouling | 0.00000 C-h-m2/kJ |
| Tube Length | 6.00 m | Shell Passes | 1 |
| Tube O.D. | 20.00 mm | Shell Series | 1 |
| Tube Thickness | 2.0000 mm | Shell Parallel | 1 |
| Tube Pitch | 50.0000 mm | Baffle Type | Single |
| Orientation | Horizontal | Baffle Cut(%Area) | 20.00 |
| Passes Per Shell | 2 | Baffle Orientation | Horizontal |
| Tubes Per Shell | 160 * | Spacing | 800.0000 mm |
| Layout Angle | Triangular (30 degrees) | Diameter | 739.0488 mm |
| TEMA Type | A E L | Area | 60.32 m2 |

## RATING

### Sizing

### Overall Data

Configuration

| | | | | | |
|---|---|---|---|---|---|
| # of Shells in Series | 1 | Tube Passes per Shell | 2 | Elevation (Base) | 0.0000 m |
| # of Shells in Parallel | 1 | Exchange Orientation | Horizontal | First Tube Pass Flow Direction | Counter |
| TEMA Type: | A | E | L | | |

Calculated Information

| | | | |
|---|---|---|---|
| Shell HT Coeff | | Tube HT Coeff | |
| Overall U | 1.766e+004 kJ/h-m2-C | Overall UA | 1.065e+006 kJ/C-h |
| Shell DP | 9.807 kPa | Tube DP | 98.07 kPa |
| Shell Vol per Shell | 2.272 m3 | Tube Vol per Shell | 0.1930 m3 |
| HT Area per Shell | 60.32 m2 | | |

### Shell Data

Shell and Tube Bundle

| | | | | | |
|---|---|---|---|---|---|
| Shell Diameter (mm) | 739.0 | Tube Pitch (mm) | 50.00 | Shell Fouling (C-h-m2/kJ) | 0.0000 |
| # of Tubes per Shell | 160 * | Tube Layout Angle | Triangular (30 degrees) | | |

Shell Baffles

| | | | |
|---|---|---|---|
| Shell Baffle Type | Single | Shell Baffle Orientation | Horizontal |
| Baffle Cut (%Area) | 20.00 | Baffle Spacing | 800.0 mm |

### Tube Data

Dimensions

| | | | | | | | |
|---|---|---|---|---|---|---|---|
| OD (mm) | 20.00 | ID (mm) | 16.00 | Tube Thickness (mm) | 2.000 | Tube Length (m) | 6.000 |

Tube Properties

| | | | | | | | |
|---|---|---|---|---|---|---|---|
| Tube Fouling (C-h-m2/kJ) | 0.0000 | Thermal Cond. (W/m-K) | 45.00 | Wall Cp (kJ/kg-C) | | Wall Density (kg/m3) | |

Aspen Technology Inc. Aspen HYSYS Version 8.8 (34.0.0.8909) Page 14 of 25

Licensed to: LEGENDS

* Specified by user.

| | | | |
|---|---|---|---|
| aspentech | LEGENDS<br>Bedford, MA<br>USA | Case Name: | Group 4 Ammonia.hsc |
| | | Unit Set: | NewUser3 |
| | | Date/Time: | Fri May 12 13:38:58 2017 |

## Heat Exchanger: 2 Cooler

### CONNECTIONS

| Tube Side | | | | Shell Side | | | |
|---|---|---|---|---|---|---|---|
| Inlet | | Outlet | | Inlet | | Outlet | |
| Name | To 2 Cooler | Name | To Loop Splitter | Name | Recycle 1 | Name | Coolant to 1 Cooler |
| From Op. | 1 Chiller | To Op. | Loop Splitter | From Op. | RCY-1 | To Op. | 1 Cooler |
| Op. Type | Heat Exchanger | Op. Type | Tee | Op. Type | Recycle | Op. Type | Heat Exchanger |
| Temp | 18.00 C * | Temp | 8.84 C | Temp | -5.00 C * | Temp | 12.15 C |

### PARAMETERS

Heat Exchanger Model: Simple End Point

| | | | | | |
|---|---|---|---|---|---|
| Tube Side DeltaP: | 98.07 kPa | Shell Side DeltaP: | 98.07 kPa | Passes: | |
| UA: | 1.296e+006 kJ/C-h | Tolerance: | 1.0000e-04 | | |

| Tube Side Data | | Shell Side Data | |
|---|---|---|---|
| Heat Transfer Coeff | | Heat Transfer Coeff | |
| Tube Pressure Drop | 98.07 kPa | Shell Pressure Drop | 98.07 kPa |
| Fouling | 0.00000 C-h-m2/kJ | Fouling | 0.00000 C-h-m2/kJ |
| Tube Length | 6.00 m | Shell Passes | 1 |
| Tube O.D. | 20.00 mm | Shell Series | 1 |
| Tube Thickness | 2.0000 mm | Shell Parallel | 1 |
| Tube Pitch | 50.0000 mm | Baffle Type | Single |
| Orientation | Horizontal | Baffle Cut(%Area) | 20.00 |
| Passes Per Shell | 2 | Baffle Orientation | Horizontal |
| Tubes Per Shell | 160 * | Spacing | 800.0000 mm |
| Layout Angle | Triangular (30 degrees) | Diameter | 739.0488 mm |
| TEMA Type | A E L | Area | 60.32 m2 |

### RATING

#### Sizing

#### Overall Data

Configuration

| | | | | | |
|---|---|---|---|---|---|
| # of Shells in Series | 1 | Tube Passes per Shell | 2 | Elevation (Base) | 0.0000 m |
| # of Shells in Parallel | 1 | Exchange Orientation | Horizontal | First Tube Pass Flow Direction | Counter |

| TEMA Type: | A | E | L |
|---|---|---|---|

Calculated Information

| | | | |
|---|---|---|---|
| Shell HT Coeff | | Tube HT Coeff | |
| Overall U | 2.149e+004 kJ/h-m2-C | Overall UA | 1.296e+006 kJ/C-h |
| Shell DP | 98.07 kPa | Tube DP | 98.07 kPa |
| Shell Vol per Shell | 2.272 m3 | Tube Vol per Shell | 0.1930 m3 |
| HT Area per Shell | 60.32 m2 | | |

#### Shell Data

Shell and Tube Bundle

| | | | | | |
|---|---|---|---|---|---|
| Shell Diameter (mm) | 739.0 | Tube Pitch (mm) | 50.00 | Shell Fouling (C-h-m2/kJ) | 0.0000 |
| # of Tubes per Shell | 160 * | Tube Layout Angle | | Triangular (30 degrees) | |

Shell Baffles

| | | | |
|---|---|---|---|
| Shell Baffle Type | Single | Shell Baffle Orientation | Horizontal |
| Baffle Cut (%Area) | 20.00 | Baffle Spacing | 800.0 mm |

#### Tube Data

Dimensions

| | | | | | | | |
|---|---|---|---|---|---|---|---|
| OD (mm) | 20.00 | ID (mm) | 16.00 | Tube Thickness (mm) | 2.000 | Tube Length (m) | 6.000 |

Tube Properties

| | | | | | | | |
|---|---|---|---|---|---|---|---|
| Tube Fouling (C-h-m2/kJ) | 0.0000 | Thermal Cond. (W/m-K) | 45.00 | Wall Cp (kJ/kg-C) | | Wall Density (kg/m3) | |

Aspen Technology Inc. Aspen HYSYS Version 8.8 (34.0.0.8909) Page 15 of 25

Licensed to: LEGENDS * Specified by user.

| | | | |
|---|---|---|---|
| aspen | LEGENDS<br>Bedford, MA<br>USA | Case Name: | Group 4 Ammonia.hsc |
| | | Unit Set: | NewUser3 |
| | | Date/Time: | Fri May 12 13:38:58 2017 |

# Heat Exchanger: Boiler

## CONNECTIONS

| Tube Side | | | | Shell Side | | | |
|---|---|---|---|---|---|---|---|
| Inlet | | Outlet | | Inlet | | Outlet | |
| Name | Reactor 3 Vap | Name | To Feed Heater | Name | BFW | Name | Steam |
| From Op. | Reactor 3 | To Op. | Feed Heater | From Op. | | To Op. | |
| Op. Type | Equilibrium Reactor | Op. Type | Heat Exchanger | Op. Type | | Op. Type | |
| Temp | 473.08 C | Temp | 290.00 C * | Temp | 267.00 C * | Temp | 318.98 C |

## PARAMETERS

| | | | | |
|---|---|---|---|---|
| Heat Exchanger Model: | | Simple End Point | | |
| Tube Side DeltaP: | 196.1 kPa | Shell Side DeltaP: | 1373 kPa | Passes: |
| UA: | 1.768e+006 kJ/C-h | Tolerance: | 1.0000e-04 | |

| Tube Side Data | | Shell Side Data | |
|---|---|---|---|
| Heat Transfer Coeff | | Heat Transfer Coeff | |
| Tube Pressure Drop | 196.13 kPa | Shell Pressure Drop | 1372.93 kPa |
| Fouling | 0.00000 C-h-m2/kJ | Fouling | 0.00000 C-h-m2/kJ |
| Tube Length | 6.00 m | Shell Passes | 1 |
| Tube O.D. | 20.00 mm | Shell Series | 1 |
| Tube Thickness | 2.0000 mm | Shell Parallel | 1 |
| Tube Pitch | 50.0000 mm | Baffle Type | Single |
| Orientation | Horizontal | Baffle Cut(%Area) | 20.00 |
| Passes Per Shell | 2 | Baffle Orientation | Horizontal |
| Tubes Per Shell | 160 * | Spacing | 800.0000 mm |
| Layout Angle | Triangular (30 degrees) | Diameter | 739.0488 mm |
| TEMA Type | A E L | Area | 60.32 m2 |

## RATING

### Sizing

### Overall Data

Configuration

| | | | | | |
|---|---|---|---|---|---|
| # of Shells in Series | 1 | Tube Passes per Shell | 2 | Elevation (Base) | 0.0000 m |
| # of Shells in Parallel | 1 | Exchange Orientation | Horizontal | First Tube Pass Flow Direction | Counter |
| TEMA Type: | | A | | E | L |

Calculated Information

| | | | |
|---|---|---|---|
| Shell HT Coeff | | Tube HT Coeff | |
| Overall U | 2.931e+004 kJ/h-m2-C | Overall UA | 1.768e+006 kJ/C-h |
| Shell DP | 1373 kPa | Tube DP | 196.1 kPa |
| Shell Vol per Shell | 2.272 m3 | Tube Vol per Shell | 0.1930 m3 |
| HT Area per Shell | 60.32 m2 | | |

### Shell Data

Shell and Tube Bundle

| | | | | | |
|---|---|---|---|---|---|
| Shell Diameter (mm) | 739.0 | Tube Pitch (mm) | 50.00 | Shell Fouling (C-h-m2/kJ) | 0.0000 |
| # of Tubes per Shell | 160 * | Tube Layout Angle | | Triangular (30 degrees) | |

Shell Baffles

| | | | |
|---|---|---|---|
| Shell Baffle Type | Single | Shell Baffle Orientation | Horizontal |
| Baffle Cut (%Area) | 20.00 | Baffle Spacing | 800.0 mm |

### Tube Data

Dimensions

| | | | | | | | |
|---|---|---|---|---|---|---|---|
| OD (mm) | 20.00 | ID (mm) | 16.00 | Tube Thickness (mm) | 2.000 | Tube Length (m) | 6.000 |

Tube Properties

| | | | | | | | |
|---|---|---|---|---|---|---|---|
| Tube Fouling (C-h-m2/kJ) | 0.0000 | Thermal Cond. (W/m-K) | 45.00 | Wall Cp (kJ/kg-C) | | Wall Density (kg/m3) | |

| | | | |
|---|---|---|---|
| aspen | LEGENDS<br>Bedford, MA<br>USA | Case Name: | Group 4 Ammonia.hsc |
| | | Unit Set: | NewUser3 |
| | | Date/Time: | Fri May 12 13:38:58 2017 |

# Heat Exchanger: Feed Heater

## CONNECTIONS

| Tube Side | | | | Shell Side | | | |
|---|---|---|---|---|---|---|---|
| Inlet | | Outlet | | Inlet | | Outlet | |
| Name | To Feed Heater | Name | To Water Cooler | Name | HP | Name | To Reactor Split |
| From Op. | Boiler | To Op. | Water Cooler | From Op. | Compressor 2 | To Op. | Reactor Split |
| Op. Type | Heat Exchanger | Op. Type | Heat Exchanger | Op. Type | Compressor | Op. Type | Tee |
| Temp | 290.00 C * | Temp | 67.20 C * | Temp | 34.52 C | Temp | 250.00 C * |

## PARAMETERS

Heat Exchanger Model: Simple End Point

| | | | | |
|---|---|---|---|---|
| Tube Side DeltaP: | 196.1 kPa | Shell Side DeltaP: | 98.07 kPa | Passes: |
| UA: | 4.029e+006 kJ/C-h | Tolerance: | 1.0000e-04 | |

| Tube Side Data | | Shell Side Data | |
|---|---|---|---|
| Heat Transfer Coeff | | Heat Transfer Coeff | |
| Tube Pressure Drop | 196.13 kPa | Shell Pressure Drop | 98.07 kPa |
| Fouling | 0.00000 C-h-m2/kJ | Fouling | 0.00000 C-h-m2/kJ |
| Tube Length | 6.00 m | Shell Passes | 1 |
| Tube O.D. | 20.00 mm | Shell Series | 1 |
| Tube Thickness | 2.0000 mm | Shell Parallel | 1 |
| Tube Pitch | 50.0000 mm | Baffle Type | Single |
| Orientation | Horizontal | Baffle Cut(%Area) | 20.00 |
| Passes Per Shell | 2 | Baffle Orientation | Horizontal |
| Tubes Per Shell | 160 * | Spacing | 800.0000 mm |
| Layout Angle | Triangular (30 degrees) | Diameter | 739.0488 mm |
| TEMA Type | A E L | Area | 60.32 m2 |

## RATING

### Sizing

### Overall Data

Configuration

| | | | | | |
|---|---|---|---|---|---|
| # of Shells in Series | 1 | Tube Passes per Shell | 2 | Elevation (Base) | 0.0000 m |
| # of Shells in Parallel | 1 | Exchange Orientation | Horizontal | First Tube Pass Flow Direction | Counter |
| TEMA Type | | A | | E | L |

Calculated Information

| | | | |
|---|---|---|---|
| Shell HT Coeff | | Tube HT Coeff | |
| Overall U | 6.679e+004 kJ/h-m2-C | Overall UA | 4.029e+006 kJ/C-h |
| Shell DP | 98.07 kPa | Tube DP | 196.1 kPa |
| Shell Vol per Shell | 2.272 m3 | Tube Vol per Shell | 0.1930 m3 |
| HT Area per Shell | 60.32 m2 | | |

### Shell Data

Shell and Tube Bundle

| | | | | | |
|---|---|---|---|---|---|
| Shell Diameter (mm) | 739.0 | Tube Pitch (mm) | 50.00 | Shell Fouling (C-h-m2/kJ) | 0.0000 |
| # of Tubes per Shell | 160 * | Tube Layout Angle | | Triangular (30 degrees) | |

Shell Baffles

| | | | |
|---|---|---|---|
| Shell Baffle Type | Single | Shell Baffle Orientation | Horizontal |
| Baffle Cut (%Area) | 20.00 | Baffle Spacing | 800.0 mm |

### Tube Data

Dimensions

| | | | | | | | |
|---|---|---|---|---|---|---|---|
| OD (mm) | 20.00 | ID (mm) | 16.00 | Tube Thickness (mm) | 2.000 | Tube Length (m) | 6.000 |

Tube Properties

| | | | | | | | |
|---|---|---|---|---|---|---|---|
| Tube Fouling (C-h-m2/kJ) | 0.0000 | Thermal Cond. (W/m-K) | 45.00 | Wall Cp (kJ/kg-C) | | Wall Density (kg/m3) | |

| aspen tech | LEGENDS<br>Bedford, MA<br>USA | Case Name: Group 4 Ammonia.hsc<br>Unit Set: NewUser3<br>Date/Time: Fri May 12 13:38:58 2017 |
|---|---|---|

# Heat Exchanger: Reactor Exchanger 1

## CONNECTIONS

| Tube Side | | | | Shell Side | | | |
|---|---|---|---|---|---|---|---|
| Inlet | | Outlet | | Inlet | | Outlet | |
| Name | Reactor 1 Coolant In | Name | Reactor 1 In | Name | Reactor 1 Vap | Name | Reactor 2 In |
| From Op. | Reactor Mixer | To Op. | Reactor 1 | From Op. | Reactor 1 | To Op. | Reactor 2 |
| Op. Type | Mixer | Op. Type | Equilibrium Reactor | Op. Type | Equilibrium Reactor | Op. Type | Equilibrium Reactor |
| Temp | 311.89 C | Temp | 385.00 C * | Temp | 526.66 C | Temp | 454.03 C |

## PARAMETERS

| Heat Exchanger Model: | | Simple End Point | | | |
|---|---|---|---|---|---|
| Tube Side DeltaP: | 98.07 kPa | Shell Side DeltaP: | 294.2 kPa | Passes: | |
| UA: | 3.540e+005 kJ/C-h | Tolerance: | 1.0000e-04 | | |

| Tube Side Data | | Shell Side Data | |
|---|---|---|---|
| Heat Transfer Coeff | | Heat Transfer Coeff | |
| Tube Pressure Drop | 98.07 kPa | Shell Pressure Drop | 294.20 kPa |
| Fouling | 0.00000 C-h-m2/kJ | Fouling | 0.00000 C-h-m2/kJ |
| Tube Length | 6.00 m | Shell Passes | 1 |
| Tube O.D. | 20.00 mm | Shell Series | 1 |
| Tube Thickness | 2.0000 mm | Shell Parallel | 1 |
| Tube Pitch | 50.0000 mm | Baffle Type | Single |
| Orientation | Horizontal | Baffle Cut(%Area) | 20.00 |
| Passes Per Shell | 2 | Baffle Orientation | Horizontal |
| Tubes Per Shell | 160 * | Spacing | 800.0000 mm |
| Layout Angle | Triangular (30 degrees) | Diameter | 739.0488 mm |
| TEMA Type | A E L | Area | 60.32 m2 |

## RATING

### Sizing

### Overall Data

Configuration

| | | | | | |
|---|---|---|---|---|---|
| # of Shells in Series | 1 | Tube Passes per Shell | 2 | Elevation (Base) | 0.0000 m |
| # of Shells in Parallel | 1 | Exchange Orientation | Horizontal | First Tube Pass Flow Direction | Counter |
| TEMA Type: | | A | E | L | |

Calculated Information

| | | | |
|---|---|---|---|
| Shell HT Coeff | | Tube HT Coeff | |
| Overall U | 5869 kJ/h-m2-C | Overall UA | 3.540e+005 kJ/C-h |
| Shell DP | 294.2 kPa | Tube DP | 98.07 kPa |
| Shell Vol per Shell | 2.272 m3 | Tube Vol per Shell | 0.1930 m3 |
| HT Area per Shell | 60.32 m2 | | |

### Shell Data

Shell and Tube Bundle

| | | | | | |
|---|---|---|---|---|---|
| Shell Diameter (mm) | 739.0 | Tube Pitch (mm) | 50.00 | Shell Fouling (C-h-m2/kJ) | 0.0000 |
| # of Tubes per Shell | 160 * | Tube Layout Angle | | Triangular (30 degrees) | |

Shell Baffles

| | | | |
|---|---|---|---|
| Shell Baffle Type | Single | Shell Baffle Orientation | Horizontal |
| Baffle Cut (%Area) | 20.00 | Baffle Spacing | 800.0 mm |

### Tube Data

Dimensions

| | | | | | | | |
|---|---|---|---|---|---|---|---|
| OD (mm) | 20.00 | ID (mm) | 16.00 | Tube Thickness (mm) | 2.000 | Tube Length (m) | 6.000 |

Tube Properties

| | | | | | | | |
|---|---|---|---|---|---|---|---|
| Tube Fouling (C-h-m2/kJ) | 0.0000 | Thermal Cond. (W/m-K) | 45.00 | Wall Cp (kJ/kg-C) | | Wall Density (kg/m3) | |

| | | |
|---|---|---|
| aspen | LEGENDS<br>Bedford, MA<br>USA | Case Name: Group 4 Ammonia.hsc<br>Unit Set: NewUser3<br>Date/Time: Fri May 12 13:38:58 2017 |

# Heat Exchanger: Reactor Exchanger 2

## CONNECTIONS

| Tube Side | | | | Shell Side | | | |
|---|---|---|---|---|---|---|---|
| Inlet | | Outlet | | Inlet | | Outlet | |
| Name | Reactor 2 Coolant In | Name | Reactor 2 Coolant Out | Name | Reactor 2 Vap | Name | Reactor 3 In |
| From Op. | Reactor Split | To Op. | Reactor Mixer | From Op. | Reactor 2 | To Op. | Reactor 3 |
| Op. Type | Tee | Op. Type | Mixer | Op. Type | Equilibrium Reactor | Op. Type | Equilibrium Reactor |
| Temp | 250.00 C | Temp | 380.00 C * | Temp | 496.58 C | Temp | 434.96 C |

## PARAMETERS

| | | | | | |
|---|---|---|---|---|---|
| Heat Exchanger Model: | | Simple End Point | | | |
| Tube Side DeltaP: | 0.0000 kPa | Shell Side DeltaP: | 196.1 kPa | Passes: | |
| UA: | 3.039e+005 kJ/C-h | Tolerance: | 1.0000e-04 | | |

| Tube Side Data | | Shell Side Data | |
|---|---|---|---|
| Heat Transfer Coeff | | Heat Transfer Coeff | |
| Tube Pressure Drop | 0.00 kPa | Shell Pressure Drop | 196.13 kPa |
| Fouling | 0.00000 C-h-m2/kJ | Fouling | 0.00000 C-h-m2/kJ |
| Tube Length | 6.00 m | Shell Passes | 1 |
| Tube O.D. | 20.00 mm | Shell Series | 1 |
| Tube Thickness | 2.0000 mm | Shell Parallel | 1 |
| Tube Pitch | 50.0000 mm | Baffle Type | Single |
| Orientation | Horizontal | Baffle Cut(%Area) | 20.00 |
| Passes Per Shell | 2 | Baffle Orientation | Horizontal |
| Tubes Per Shell | 160 * | Spacing | 800.0000 mm |
| Layout Angle | Triangular (30 degrees) | Diameter | 739.0488 mm |
| TEMA Type | A E L | Area | 60.32 m2 |

## RATING

### Sizing

### Overall Data

Configuration

| | | | | | |
|---|---|---|---|---|---|
| # of Shells in Series | 1 | Tube Passes per Shell | 2 | Elevation (Base) | 0.0000 m |
| # of Shells in Parallel | 1 | Exchange Orientation | Horizontal | First Tube Pass Flow Direction | Counter |
| TEMA Type: | | A | E | L | |

Calculated Information

| | | | |
|---|---|---|---|
| Shell HT Coeff | | Tube HT Coeff | |
| Overall U | 5038 kJ/h-m2-C | Overall UA | 3.039e+005 kJ/C-h |
| Shell DP | 196.1 kPa | Tube DP | 0.0000 kPa |
| Shell Vol per Shell | 2.272 m3 | Tube Vol per Shell | 0.1930 m3 |
| HT Area per Shell | 60.32 m2 | | |

### Shell Data

Shell and Tube Bundle

| | | | | | |
|---|---|---|---|---|---|
| Shell Diameter (mm) | 739.0 | Tube Pitch (mm) | 50.00 | Shell Fouling (C-h-m2/kJ) | 0.0000 |
| # of Tubes per Shell | 160 * | Tube Layout Angle | | Triangular (30 degrees) | |

Shell Baffles

| | | | |
|---|---|---|---|
| Shell Baffle Type | Single | Shell Baffle Orientation | Horizontal |
| Baffle Cut (%Area) | 20.00 | Baffle Spacing | 800.0 mm |

### Tube Data

Dimensions

| | | | | | | | |
|---|---|---|---|---|---|---|---|
| OD (mm) | 20.00 | ID (mm) | 16.00 | Tube Thickness (mm) | 2.000 | Tube Length (m) | 6.000 |

Tube Properties

| | | | | | | | |
|---|---|---|---|---|---|---|---|
| Tube Fouling (C-h-m2/kJ) | 0.0000 | Thermal Cond. (W/m-K) | 45.00 | Wall Cp (kJ/kg-C) | | Wall Density (kg/m3) | |

Aspen Technology Inc. Aspen HYSYS Version 8.8 (34.0.0.8909) Page 19 of 25

Licensed to: LEGENDS * Specified by user.

| | | | |
|---|---|---|---|
| aspentech | LEGENDS<br>Bedford, MA<br>USA | Case Name: | Group 4 Ammonia.hsc |
| | | Unit Set: | NewUser3 |
| | | Date/Time: | Fri May 12 13:38:58 2017 |

# Heat Exchanger: Water Cooler

## CONNECTIONS

| Tube Side | | | | Shell Side | | | |
|---|---|---|---|---|---|---|---|
| Inlet | | Outlet | | Inlet | | Outlet | |
| Name | To Water Cooler | Name | To 1 Cooler | Name | Water In | Name | Water Out |
| From Op. | Feed Heater | To Op. | 1 Cooler | From Op. | | To Op. | |
| Op. Type | Heat Exchanger | Op. Type | Heat Exchanger | Op. Type | | Op. Type | |
| Temp | 67.20 C * | Temp | 36.00 C * | Temp | 25.00 C * | Temp | 25.03 C |

## PARAMETERS

| Heat Exchanger Model: | Simple End Point | | | |
|---|---|---|---|---|
| Tube Side DeltaP: | 98.07 kPa | Shell Side DeltaP: | 0.0000 kPa | Passes: |
| UA: | 1.781e+006 kJ/C-h | Tolerance: | 1.0000e-04 | |

| Tube Side Data | | Shell Side Data | |
|---|---|---|---|
| Heat Transfer Coeff | | Heat Transfer Coeff | |
| Tube Pressure Drop | 98.07 kPa | Shell Pressure Drop | 0.00 kPa |
| Fouling | 0.00000 C-h-m2/kJ | Fouling | 0.00000 C-h-m2/kJ |
| Tube Length | 6.00 m | Shell Passes | 1 |
| Tube O.D. | 20.00 mm | Shell Series | 1 |
| Tube Thickness | 2.0000 mm | Shell Parallel | 1 |
| Tube Pitch | 50.0000 mm | Baffle Type | Single |
| Orientation | Horizontal | Baffle Cut(%Area) | 20.00 |
| Passes Per Shell | 2 | Baffle Orientation | Horizontal |
| Tubes Per Shell | 160 * | Spacing | 800.0000 mm |
| Layout Angle | Triangular (30 degrees) | Diameter | 739.0488 mm |
| TEMA Type | A E L | Area | 60.32 m2 |

## RATING

### Sizing

### Overall Data

Configuration

| | | | | | |
|---|---|---|---|---|---|
| # of Shells in Series | 1 | Tube Passes per Shell | 2 | Elevation (Base) | 0.0000 m |
| # of Shells in Parallel | 1 | Exchange Orientation | Horizontal | First Tube Pass Flow Direction | Counter |

| TEMA Type: | A | E | L |
|---|---|---|---|

Calculated Information

| | | | |
|---|---|---|---|
| Shell HT Coeff | | Tube HT Coeff | |
| Overall U | 2.953e+004 kJ/h-m2-C | Overall UA | 1.781e+006 kJ/C-h |
| Shell DP | 0.0000 kPa | Tube DP | 98.07 kPa |
| Shell Vol per Shell | 2.272 m3 | Tube Vol per Shell | 0.1930 m3 |
| HT Area per Shell | 60.32 m2 | | |

### Shell Data

Shell and Tube Bundle

| | | | | | |
|---|---|---|---|---|---|
| Shell Diameter (mm) | 739.0 | Tube Pitch (mm) | 50.00 | Shell Fouling (C-h-m2/kJ) | 0.0000 |
| # of Tubes per Shell | 160 * | Tube Layout Angle | | Triangular (30 degrees) | |

Shell Baffles

| | | | |
|---|---|---|---|
| Shell Baffle Type | Single | Shell Baffle Orientation | Horizontal |
| Baffle Cut (%Area) | 20.00 | Baffle Spacing | 800.0 mm |

### Tube Data

Dimensions

| | | | | | | | |
|---|---|---|---|---|---|---|---|
| OD (mm) | 20.00 | ID (mm) | 16.00 | Tube Thickness (mm) | 2.000 | Tube Length (m) | 6.000 |

Tube Properties

| | | | | | | | |
|---|---|---|---|---|---|---|---|
| Tube Fouling (C-h-m2/kJ) | 0.0000 | Thermal Cond. (W/m-K) | 45.00 | Wall Cp (kJ/kg-C) | | Wall Density (kg/m3) | |

Aspen Technology Inc. Aspen HYSYS Version 8.8 (34.0.0.8909) Page 20 of 25

Licensed to: LEGENDS

* Specified by user

### 7.3.4 Sprężarki

| aspen | LEGENDS<br>Bedford, MA<br>USA | Case Name: | Group 4 Ammonia.hsc |
|---|---|---|---|
| | | Unit Set: | NewUser3 |
| | | Date/Time: | Fri May 12 13:38:58 2017 |

## Compressor: Compressor 1

**Connections**

**Inlet Stream**

| STREAM NAME | FROM UNIT OPERATION | |
|---|---|---|
| Mixed Feed | Mixer | Feed Mixer |

**Outlet Stream**

| STREAM NAME | TO UNIT OPERATION | |
|---|---|---|
| Compressed Feed | Cooler | Compressor 1 Cooler |

**Energy Stream**

| STREAM NAME | FROM UNIT OPERATION |
|---|---|
| Q Compressor 1 | |

**Parameters**

| | | | |
|---|---|---|---|
| Speed: | | Duty: | 2.0667e+04 kW |
| Adiabatic Eff.: | 75.00 | PolyTropic Eff.: | 81.09 |
| Adiabatic Head: | 9.916e+004 m | Polytropic Head: | 1.072e+005 m |
| Adiabatic Fluid Head: | 972.4 kJ/kg | Polytropic Fluid Head: | 1051 kJ/kg |

| | | | | | |
|---|---|---|---|---|---|
| Polytropic Exp. | 1.598 | Isentropic Exp. | 1.455 | Poly Head Factor | 0.9937 |

**PERFORMANCE**

**Results**

| | | | | | |
|---|---|---|---|---|---|
| Adiabatic Head | (m) | 9.916e+004 | Power Consumed | (kW) | 2.067e+004 |
| Polytropic Head | (m) | 1.072e+005 | Polytropic Head Factor | | 0.9937 |
| Adiabatic Fluid Head | (kJ/kg) | 972.4 | Polytropic Exponent | | 1.598 |
| Polytropic Fluid Head | (kJ/kg) | 1051 | Isentropic Exponent | | 1.455 |
| Adiabatic Efficiency | | 75 | Speed | (rpm) | |
| Polytropic Efficiency | | 81 | | | |

**Power/Torque**

| | | | | | |
|---|---|---|---|---|---|
| Total Rotor Power | (kW) | 2.067e+004 | Total Rotor Torque | (N-m) | |
| Transient Rotor Power | (kW) | 0.0000 | Transient Rotor Torque | (N-m) | |
| Friction Power Loss | (kW) | 0.0000 | Friction Torque Loss | (N-m) | |
| Fluid Power | (kW) | 2.067e+004 | Fluid Torque | (N-m) | |

| Aspen Technology Inc. | Aspen HYSYS Version 8.8 (34.0.0.8909) | Page 21 of 25 |
|---|---|---|
| Licensed to: LEGENDS | | * Specified by user. |

| aspen | LEGENDS<br>Bedford, MA<br>USA | Case Name: Group 4 Ammonia.hsc<br>Unit Set: NewUser3<br>Date/Time: Fri May 12 13:38:58 2017 |
|---|---|---|

## Compressor: Compressor 2

### Connections

#### Inlet Stream

| STREAM NAME | FROM UNIT OPERATION | |
|---|---|---|
| To Comp 2 | Heat Exchanger | 1 Cooler |

#### Outlet Stream

| STREAM NAME | TO UNIT OPERATION | |
|---|---|---|
| HP | Heat Exchanger | Feed Heater |

#### Energy Stream

| STREAM NAME | FROM UNIT OPERATION |
|---|---|
| Q Comp 2 | |

### Parameters

| | | | | | |
|---|---|---|---|---|---|
| Speed: | | | Duty: | | 1.5731e+03 kW |
| Adiabatic Eff.: | | 75.00 | PolyTropic Eff.: | | 75.27 |
| Adiabatic Head: | | 2081 m | Polytropic Head: | | 2089 m |
| Adiabatic Fluid Head: | | 20.41 kJ/kg | Polytropic Fluid Head: | | 20.48 kJ/kg |
| Polytropic Exp. 2.007 | Isentropic Exp. | 1.690 | Poly Head Factor | | 0.9987 |

### PERFORMANCE

#### Results

| | | | | | |
|---|---|---|---|---|---|
| Adiabatic Head | (m) | 2081 | Power Consumed | (kW) | 1573 |
| Polytropic Head | (m) | 2089 | Polytropic Head Factor | | 0.9987 |
| Adiabatic Fluid Head | (kJ/kg) | 20.41 | Polytropic Exponent | | 2.007 |
| Polytropic Fluid Head | (kJ/kg) | 20.48 | Isentropic Exponent | | 1.690 |
| Adiabatic Efficiency | | 75 | Speed | (rpm) | |
| Polytropic Efficiency | | 75 | | | |

#### Power/Torque

| | | | | | |
|---|---|---|---|---|---|
| Total Rotor Power | (kW) | 1573 | Total Rotor Torque | (N-m) | |
| Transient Rotor Power | (kW) | 0.0000 | Transient Rotor Torque | (N-m) | |
| Friction Power Loss | (kW) | 0.0000 | Friction Torque Loss | (N-m) | |
| Fluid Power | (kW) | 1573 | Fluid Torque | (N-m) | |

### 7.3.5 Reaktory

| aspentech | LEGENDS<br>Bedford, MA<br>USA | Case Name: | Group 4 Ammonia.hsc |
|---|---|---|---|
| | | Unit Set: | NewUser3 |
| | | Date/Time: | Fri May 12 13:38:58 2017 |

## Equilibrium Reactor: Reactor 1

**CONNECTIONS**

**Inlet Stream Connections**

| Stream Name | From Unit Operation | |
|---|---|---|
| Reactor 1 In | Heat Exchanger | Reactor Exchanger 1 |

**Outlet Stream Connections**

| Stream Name | To Unit Operation | |
|---|---|---|
| Reactor 1 Vap | Heat Exchanger | Reactor Exchanger 1 |
| Reactor 1 Liq | | |

**Energy Stream Connections**

| Stream Name | From Unit Operation |
|---|---|
| | |

**PARAMETERS**

| Physical Parameters | | Optional Heat Transfer | |
|---|---|---|---|
| Delta P | Vessel Volume | Duty | Energy Stream |
| 0.0000 kPa | | 0.0000 kJ/h | |

**REACTION RESULTS FOR : Set-1**

**Extents**

| | Act. % Conv. | Base Comp. | Eqm Constant | Rxn Extent |
|---|---|---|---|---|
| Rxn-1 | 18.82 | Nitrogen | 2.909e-003 | 0.5022 |

**Balance**

| | Total Inflow | Total Rxn | Total Outflow |
|---|---|---|---|
| Hydrogen | 3.851 | -0.7533 | 3.098 |
| Argon | 6.333e-002 | 0.0000 | 6.333e-002 |
| Nitrogen | 1.334 | -0.2511 | 1.083 |
| Methane | 0.3810 | 0.0000 | 0.3810 |
| Ammonia | 0.2364 | 0.5022 | 0.7386 |
| H2O | 0.0000 | 0.0000 | 0.0000 |

Aspen Technology Inc. Aspen HYSYS Version 8.8 (34.0.0.8909) Page 23 of 25

Licensed to: LEGENDS * Specified by user.

| aspen | LEGENDS<br>Bedford, MA<br>USA | Case Name: | Group 4 Ammonia.hsc |
|---|---|---|---|
| | | Unit Set: | NewUser3 |
| | | Date/Time: | Fri May 12 13:38:58 2017 |

# Equilibrium Reactor: Reactor 2

## CONNECTIONS

### Inlet Stream Connections

| Stream Name | From Unit Operation | |
|---|---|---|
| Reactor 2 In | Heat Exchanger | Reactor Exchanger 1 |

### Outlet Stream Connections

| Stream Name | To Unit Operation | |
|---|---|---|
| Reactor 2 Vap | Heat Exchanger | Reactor Exchanger 2 |
| Reactor 2 Liq | | |

### Energy Stream Connections

| Stream Name | From Unit Operation |
|---|---|
| | |

## PARAMETERS

| Physical Parameters | | Optional Heat Transfer | |
|---|---|---|---|
| Delta P | Vessel Volume | Duty | Energy Stream |
| 0.0000 kPa | | 0.0000 kJ/h | |

## REACTION RESULTS FOR : Set-1

### Extents

| | Act. % Conv. | Base Comp. | Eqm Constant | Rxn Extent |
|---|---|---|---|---|
| Rxn-1 | 6.834 | Nitrogen | 3.981e-003 | 0.1480 |

### Balance

| | Total Inflow | Total Rxn | Total Outflow |
|---|---|---|---|
| Hydrogen | 3.098 | -0.2220 | 2.876 |
| Argon | 6.333e-002 | 0.0000 | 6.333e-002 |
| Nitrogen | 1.083 | -7.401e-002 | 1.009 |
| Methane | 0.3810 | 0.0000 | 0.3810 |
| Ammonia | 0.7386 | 0.1480 | 0.8866 |
| H2O | 0.0000 | 0.0000 | 0.0000 |

| | | |
|---|---|---|
| aspentech | LEGENDS<br>Bedford, MA<br>USA | Case Name: Group 4 Ammonia.hsc<br>Unit Set: NewUser3<br>Date/Time: Fri May 12 13:38:58 2017 |

# Equilibrium Reactor: Reactor 3

## CONNECTIONS

### Inlet Stream Connections

| Stream Name | From Unit Operation | |
|---|---|---|
| Reactor 3 In | Heat Exchanger | Reactor Exchanger 2 |

### Outlet Stream Connections

| Stream Name | To Unit Operation | |
|---|---|---|
| Reactor 3 Vap | Heat Exchanger: | Boiler |
| Reactor 3 Liq | | |

### Energy Stream Connections

| Stream Name | From Unit Operation |
|---|---|
| | |

## PARAMETERS

| Physical Parameters | | Optional Heat Transfer | |
|---|---|---|---|
| Delta P | Vessel Volume | Duty | Energy Stream |
| 0.0000 kPa | | 0.0000 kJ/h | |

## REACTION RESULTS FOR : Set-1

### Extents

| | Act. % Conv. | Base Comp. | Eqm Constant | Rxn Extent |
|---|---|---|---|---|
| Rxn-1 | 6.507 | Nitrogen | 5.168e-003 | 0.1313 |

### Balance

| | Total Inflow | Total Rxn | Total Outflow |
|---|---|---|---|
| Hydrogen | 2.876 | -0.1970 | 2.679 |
| Argon | 6.333e-002 | 0.0000 | 6.333e-002 |
| Nitrogen | 1.009 | -6.566e-002 | 0.9433 |
| Methane | 0.3810 | -5.551e-017 | 0.3810 |
| Ammonia | 0.8866 | 0.1313 | 1.018 |
| H2O | 0.0000 | 0.0000 | 0.0000 |

# Rozdział 8

# Modelowanie Aspen Plus

## 8.1 Wprowadzenie

Aspen Plus jest kolejnym oprogramowaniem używanym do symulacji procesów chemicznych. Użyliśmy Aspen plus v8.8 do symulacji pętli syntezy amoniaku. Aspen Plus jest gorszy niż Hysysys.

Podjęto następujące kroki, aby stworzyć model.

- Przede wszystkim dodano wszystkie elementy systemu.
- Następnie wybrano pakiet płynów Peng Robinson. Wynika to z faktu, że system zawiera głównie gazy pod wysokim ciśnieniem.
- Następnie otwarto okno symulacyjne.
- Strumienie zasilania zostały zdefiniowane. Do zdefiniowania strumienia potrzebne są trzy zmienne, takie jak temperatura, ciśnienie i natężenie przepływu oraz skład strumienia.
- Następnie dodano mieszadła, rozdzielacze, wymienniki ciepła, separatory i bloki reaktorów.
- Zestaw reakcyjny został zdefiniowany w każdym reaktorze. Dane dotyczące równowagi były dostępne w literaturze. W tym przypadku dodano temperaturę w reaktorach.
- Wprowadzono również dane stechiometryczne.
- Zdefiniowano wymagane wejścia wszystkich urządzeń.
- Definiując wszystkie wejścia, model będzie zbieżny.
- Model konwergentny jest symulacją procesu.
- Gdy mieliśmy zaprojektować reaktor 3-łóżkowy. Każdy reaktor jest reprezentowany przez jeden reaktor równowagi.

Schemat przepływu składa się z następujących elementów

- 3 Separatory
- 2 Sprężarki
- 3 Reaktory
- 2 Chłodnice
- 5 Rozgałęźnik/mikser

- 9 Wymiennik ciepła
- Zawory regulacji ciśnienia

## 8.2 Schemat przepływu procesu

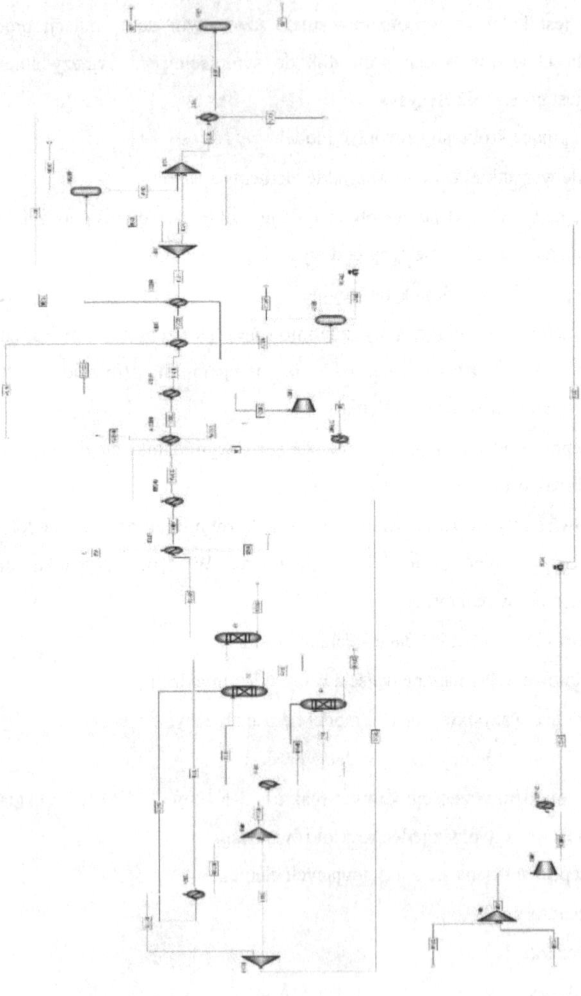

*Rysunek 8.2 Schemat przepływu procesu Aspen Plus*

## 8.3 Sprawozdanie

### 8.3.1 Reakcja

```
                         ~AP5B83.tmp

BLOCK:  R-1      MODEL: REQUIL
------------------------------
  INLET STREAM:             R-1-IN
  OUTLET VAPOR STREAM:      R-1-VAP
  OUTLET LIQUID STREAM:     R-1-LIQ
  PROPERTY OPTION SET:      PENG-ROB  STANDARD PR EQUATION OF STATE

                    ***  MASS AND ENERGY BALANCE  ***
                             IN           OUT       GENERATION    RELATIVE DIFF.
  TOTAL BALANCE
  MOLE(KMOL/HR )          17870.3       16009.4      -1860.85       0.101788E-15
  MASS(KG/HR    )         171306.       171306.                    -0.852352E-08
  ENTHALPY(CAL/SEC )    0.656252E+07  0.534818E+07                  0.185042

                    ***  CO2 EQUIVALENT SUMMARY ***
   FEED STREAMS CO2E             398336.       KG/HR
   PRODUCT STREAMS CO2E          398336.       KG/HR
   NET STREAMS CO2E PRODUCTION   0.00000       KG/HR
   UTILITIES CO2E PRODUCTION     0.00000       KG/HR
   TOTAL CO2E PRODUCTION         0.00000       KG/HR

                        ***  INPUT DATA  ***
  TWO    PHASE  TP  FLASH
  SPECIFIED TEMPERATURE C                                  526.700
  SPECIFIED PRESSURE    BAR                                243.499
  MAXIMUM NO. ITERATIONS                                    30
  CONVERGENCE TOLERANCE                                     0.000100000
  LIQUID ENTRAINMENT                                        0.0000
  SOLID SPLIT FRACTIONS:
  SUBSTREAM NO. =    1   MIXED SUBSTREAM, NO SOLID SPLITS.

                         ***  RESULTS  ***
  OUTPUT TEMPERATURE    C                                    526.70
  OUTPUT PRESSURE       BAR                                  243.50
  HEAT DUTY             CAL/SEC                            -0.12143E+07
  VAPOR FRACTION                                             1.0000

  REACTION EQUILIBRIUM CONSTANTS:

    REACTION        EQUILIBRIUM        EQUILIBRIUM        TEMPERATURE
     NUMBER          CONSTANT          TEMPERATURE           UNIT
       1            0.30399E-02          526.70               C


BLOCK:  R-2      MODEL: REQUIL
------------------------------
  INLET STREAM:             R-2-IN
  OUTLET VAPOR STREAM:      R-2-VAP
  OUTLET LIQUID STREAM:     R-2-LIQ
  PROPERTY OPTION SET:      PENG-ROB  STANDARD PR EQUATION OF STATE
```

```
                    ***  MASS AND ENERGY BALANCE  ***
                             IN           OUT        GENERATION   RELATIVE DIFF.
 TOTAL BALANCE
 MOLE(KMOL/HR )         16009.4       15503.3      -506.130        0.00000
 MASS(KG/HR   )         171306.       171306.                     -0.584450E-10
 ENTHALPY(CAL/SEC )    0.259596E+07  0.235304E+07                  0.935737E-01

                    ***  CO2 EQUIVALENT SUMMARY ***
  FEED STREAMS CO2E             398336.      KG/HR
  PRODUCT STREAMS CO2E          398336.      KG/HR
  NET STREAMS CO2E PRODUCTION   0.00000      KG/HR
  UTILITIES CO2E PRODUCTION     0.00000      KG/HR
  TOTAL CO2E PRODUCTION         0.00000      KG/HR

                        ***  INPUT DATA  ***
 TWO    PHASE  TP  FLASH
 SPECIFIED TEMPERATURE C                                   496.600
 SPECIFIED PRESSURE    BAR                                 241.244
 MAXIMUM NO. ITERATIONS                                     30
 CONVERGENCE TOLERANCE                                       0.000100000
 LIQUID ENTRAINMENT                                          0.0000
 SOLID SPLIT FRACTIONS:
 SUBSTREAM NO. =     1   MIXED SUBSTREAM, NO SOLID SPLITS.

                         ***  RESULTS  ***
 OUTPUT TEMPERATURE    C                                    496.60
 OUTPUT PRESSURE       BAR                                  241.24
 HEAT DUTY             CAL/SEC                            -0.24291E+06
 VAPOR FRACTION                                             1.0000

 REACTION EQUILIBRIUM CONSTANTS:

   REACTION        EQUILIBRIUM        EQUILIBRIUM        TEMPERATURE
    NUMBER          CONSTANT          TEMPERATURE           UNIT
      1            0.41630E-02          496.60               C


BLOCK:  R-3      MODEL: REQUIL
------------------------------
 INLET STREAM:          R-3-IN
 OUTLET VAPOR STREAM:   R-3-VAP
 OUTLET LIQUID STREAM:  R-3-LIQ
 PROPERTY OPTION SET:   PENG-ROB  STANDARD PR EQUATION OF STATE

                    ***  MASS AND ENERGY BALANCE  ***
                             IN           OUT        GENERATION   RELATIVE DIFF.
 TOTAL BALANCE
 MOLE(KMOL/HR )         15503.3       15048.8      -454.481        0.00000
 MASS(KG/HR   )         171306.       171306.                     -0.664599E-10
 ENTHALPY(CAL/SEC )     47023.5      -196074.                      1.23983
```

*** CO2 EQUIVALENT SUMMARY ***

| | | |
|---|---|---|
| FEED STREAMS CO2E | 398336. | KG/HR |
| PRODUCT STREAMS CO2E | 398336. | KG/HR |
| NET STREAMS CO2E PRODUCTION | 0.00000 | KG/HR |
| UTILITIES CO2E PRODUCTION | 0.00000 | KG/HR |
| TOTAL CO2E PRODUCTION | 0.00000 | KG/HR |

*** INPUT DATA ***

TWO PHASE TP FLASH

| | |
|---|---|
| SPECIFIED TEMPERATURE C | 473.000 |
| SPECIFIED PRESSURE BAR | 240.067 |
| MAXIMUM NO. ITERATIONS | 30 |
| CONVERGENCE TOLERANCE | 0.000100000 |
| LIQUID ENTRAINMENT | 0.0000 |

SOLID SPLIT FRACTIONS:

SUBSTREAM NO. = 1 MIXED SUBSTREAM, NO SOLID SPLITS.

*** RESULTS ***

| | | |
|---|---|---|
| OUTPUT TEMPERATURE | C | 473.00 |
| OUTPUT PRESSURE | BAR | 240.07 |
| HEAT DUTY | CAL/SEC | -0.24310E+06 |
| VAPOR FRACTION | | 1.0000 |

REACTION EQUILIBRIUM CONSTANTS:

| REACTION NUMBER | EQUILIBRIUM CONSTANT | EQUILIBRIUM TEMPERATURE | TEMPERATURE UNIT |
|---|---|---|---|
| 1 | 0.54154E-02 | 473.00 | C |

### 8.3.2 Sprężarki

```
~APC193.tmp

BLOCK:  COMP2    MODEL: COMPR
------------------------------
  INLET STREAM:              T-COMP2
  OUTLET STREAM:             HP
  PROPERTY OPTION SET:       PENG-ROB  STANDARD PR EQUATION OF STATE

                        ***  MASS AND ENERGY BALANCE  ***
                                  IN              OUT          RELATIVE DIFF.
   TOTAL BALANCE
      MOLE(KMOL/HR )            17870.3          17870.3           0.00000
      MASS(KG/HR   )            171306.          171306.           0.00000
      ENTHALPY(CAL/SEC )      -0.700953E+07   -0.670967E+07    -0.427790E-01

                        ***  CO2 EQUIVALENT SUMMARY ***
   FEED STREAMS CO2E              398336.        KG/HR
   PRODUCT STREAMS CO2E           398336.        KG/HR
   NET STREAMS CO2E PRODUCTION    0.00000        KG/HR
   UTILITIES CO2E PRODUCTION      0.00000        KG/HR
   TOTAL CO2E PRODUCTION          0.00000        KG/HR

                             ***  INPUT DATA  ***

  ISENTROPIC CENTRIFUGAL COMPRESSOR
   OUTLET PRESSURE  BAR                                        245.166
   ISENTROPIC EFFICIENCY                                         0.72000
   MECHANICAL EFFICIENCY                                         1.00000

                             ***  RESULTS  ***

   INDICATED  HORSEPOWER REQUIREMENT  KW                     1,255.46
   BRAKE      HORSEPOWER REQUIREMENT  KW                     1,255.46
   NET WORK REQUIRED                  KW                     1,255.46
   POWER LOSSES                       KW                         0.0
   ISENTROPIC HORSEPOWER REQUIREMENT  KW                       903.931
   CALCULATED OUTLET TEMP  C                                    31.7548
   ISENTROPIC TEMPERATURE  C                                    29.5797
   EFFICIENCY (POLYTR/ISENTR) USED                               0.72000
   OUTLET VAPOR FRACTION                                         1.00000
   HEAD DEVELOPED,        M-KGF/KG                           1,937.07
   MECHANICAL EFFICIENCY USED                                    1.00000
   INLET HEAT CAPACITY RATIO                                     1.48158
   INLET VOLUMETRIC FLOW RATE , L/MIN                       35,259.7
   OUTLET VOLUMETRIC FLOW RATE, L/MIN                       34,141.1
   INLET  COMPRESSIBILITY FACTOR                                 1.09978
   OUTLET COMPRESSIBILITY FACTOR                                 1.10858
   AV. ISENT. VOL. EXPONENT                                      1.67846
   AV. ISENT. TEMP EXPONENT                                      1.39640
   AV. ACTUAL VOL. EXPONENT                                      2.05164
   AV. ACTUAL TEMP EXPONENT                                      1.64505

BLOCK:  COMP-1   MODEL: COMPR
```

-----------------------------

INLET STREAM: MIX-F
OUTLET STREAM: COMP-F
PROPERTY OPTION SET: PENG-ROB STANDARD PR EQUATION OF STATE

*** MASS AND ENERGY BALANCE ***

| | IN | OUT | RELATIVE DIFF. |
|---|---|---|---|
| TOTAL BALANCE | | | |
| MOLE(KMOL/HR ) | 6570.49 | 6570.49 | 0.00000 |
| MASS(KG/HR ) | 57376.9 | 57376.9 | 0.00000 |
| ENTHALPY(CAL/SEC ) | -316319. | 0.493753E+07 | -1.06406 |

*** CO2 EQUIVALENT SUMMARY ***

| | | |
|---|---|---|
| FEED STREAMS CO2E | 38972.4 | KG/HR |
| PRODUCT STREAMS CO2E | 38972.4 | KG/HR |
| NET STREAMS CO2E PRODUCTION | 0.00000 | KG/HR |
| UTILITIES CO2E PRODUCTION | 0.00000 | KG/HR |
| TOTAL CO2E PRODUCTION | 0.00000 | KG/HR |

*** INPUT DATA ***

ISENTROPIC COMPRESSOR USING ASME METHOD

| | |
|---|---|
| OUTLET PRESSURE BAR | 242.000 |
| ISENTROPIC EFFICIENCY | 0.72000 |
| MECHANICAL EFFICIENCY | 1.00000 |

*** RESULTS ***

| | | |
|---|---|---|
| INDICATED HORSEPOWER REQUIREMENT | KW | 21,996.8 |
| BRAKE HORSEPOWER REQUIREMENT | KW | 21,996.8 |
| NET WORK REQUIRED | KW | 21,996.8 |
| POWER LOSSES | KW | 0.0 |
| ISENTROPIC HORSEPOWER REQUIREMENT | KW | 15,837.7 |
| CALCULATED OUTLET TEMP C | | 432.504 |
| ISENTROPIC TEMPERATURE C | | 321.362 |
| EFFICIENCY (POLYTR/ISENTR) USED | | 0.72000 |
| OUTLET VAPOR FRACTION | | 1.00000 |
| HEAD DEVELOPED, M-KGF/KG | | 101,330. |
| MECHANICAL EFFICIENCY USED | | 1.00000 |
| INLET HEAT CAPACITY RATIO | | 1.41119 |
| INLET VOLUMETRIC FLOW RATE , L/MIN | | 116,866. |
| OUTLET VOLUMETRIC FLOW RATE, L/MIN | | 28,346.0 |
| INLET COMPRESSIBILITY FACTOR | | 1.01046 |
| OUTLET COMPRESSIBILITY FACTOR | | 1.06768 |
| AV. ISENT. VOL. EXPONENT | | 1.45149 |
| AV. ISENT. TEMP EXPONENT | | 1.39353 |
| AV. ACTUAL VOL. EXPONENT | | 1.61632 |
| AV. ACTUAL TEMP EXPONENT | | 1.55581 |

### 8.3.3 Strumienie

~AP3C77.tmp

```
FEED-H
------

STREAM ID                  FEED-H
FROM :                     ----
TO   :                     F-MIX

SUBSTREAM: MIXED
PHASE:                     VAPOR
COMPONENTS: KMOL/HR
  HYDROGEN                583.8280
  ARGON                     3.4825
  NITROGEN                 54.0426
  METHANE                   3.5470
  AMMONIA                  0.0
  WATER                    0.0
TOTAL FLOW:
  KMOL/HR                 644.9000
  KG/HR                  2886.8692
  L/MIN                  3491.1554
STATE VARIABLES:
  TEMP   C                 40.0000
  PRES   BAR               83.3565
  VFRAC                     1.0000
  LFRAC                    0.0
  SFRAC                    0.0
ENTHALPY:
  CAL/MOL                  14.7508
  CAL/GM                    3.2952
  CAL/SEC                2642.4447
ENTROPY:
  CAL/MOL-K                -7.8692
  CAL/GM-K                 -1.7579
DENSITY:
  MOL/CC                 3.0787-03
  GM/CC                  1.3782-02
AVG MW                      4.4765

FEED-S
------

STREAM ID                  FEED-S
FROM :                     ----
TO   :                     F-MIX

SUBSTREAM: MIXED
PHASE:                     VAPOR
COMPONENTS: KMOL/HR
  HYDROGEN               4252.7994
  ARGON                    14.8140
  NITROGEN               1564.3570
```

```
  METHANE                 93.6244
  AMMONIA                  0.0
  WATER                    0.0
TOTAL FLOW:
  KMOL/HR               5925.5948
  KG/HR                 5.4490+04
  L/MIN                 1.0528+05
STATE VARIABLES:
  TEMP   C                38.0000
  PRES   BAR              24.5166
  VFRAC                    1.0000
  LFRAC                    0.0
  SFRAC                    0.0
ENTHALPY:
  CAL/MOL               -193.7802
  CAL/GM                 -21.0729
  CAL/SEC              -3.1896+05
ENTROPY:
  CAL/MOL-K               -5.0334
  CAL/GM-K                -0.5474
DENSITY:
  MOL/CC                9.3805-04
  GM/CC                 8.6260-03
AVG MW                     9.1957

V-PURGE
-------

STREAM ID                 V-PURGE
FROM :                    PURG-SEP
TO   :                    ----

SUBSTREAM: MIXED
PHASE:                    VAPOR
COMPONENTS: KMOL/HR
  HYDROGEN               583.7728
  ARGON                   11.2906
  NITROGEN               200.1599
  METHANE                 71.5444
  AMMONIA                 49.1560
  WATER                    0.0
TOTAL FLOW:
  KMOL/HR                915.9237
  KG/HR                 9219.9518
  L/MIN                 1625.5907
STATE VARIABLES:
  TEMP   C                 8.8360
  PRES   BAR             240.0668
  VFRAC                    1.0000
  LFRAC                    0.0
  SFRAC                    0.0
ENTHALPY:
```

```
  CAL/MOL              -2183.3725
  CAL/GM                -216.8994
  CAL/SEC             -5.5550+05
ENTROPY:
  CAL/MOL-K              -12.4239
  CAL/GM-K                -1.2342
DENSITY:
  MOL/CC               9.3907-03
  GM/CC                9.4529-02
AVG MW                    10.0663

LIQ-P
-----

STREAM ID                LIQ-P
FROM :                   P-SEP
TO   :                   ----

SUBSTREAM: MIXED
PHASE:                   LIQUID
COMPONENTS: KMOL/HR
  HYDROGEN                20.6571
  ARGON                    7.0151
  NITROGEN                 7.5698
  METHANE                 25.7095
  AMMONIA               2772.3195
  WATER                    0.0
TOTAL FLOW:
  KMOL/HR               2833.2709
  KG/HR                 4.8161+04
  L/MIN                 1271.7649
STATE VARIABLES:
  TEMP   C                -5.0000
  PRES   BAR             229.4756
  VFRAC                    0.0
  LFRAC                    1.0000
  SFRAC                    0.0
ENTHALPY:
  CAL/MOL             -1.6307+04
  CAL/GM                -959.3400
  CAL/SEC             -1.2834+07
ENTROPY:
  CAL/MOL-K              -46.4705
  CAL/GM-K                -2.7338
DENSITY:
  MOL/CC                3.7130-02
  GM/CC                    0.6312
AVG MW                    16.9982

T-SEP
-----
```

| | |
|---|---|
| STREAM ID | T-SEP |
| FROM : | 2-CHILL |
| TO : | P-SEP |
| | |
| MAX CONV. ERROR: | -1.8596-08 |
| SUBSTREAM: MIXED | |
| PHASE: | MIXED |
| COMPONENTS: KMOL/HR | |
| HYDROGEN | 1.2048+04 |
| ARGON | 167.3136 |
| NITROGEN | 4092.2239 |
| METHANE | 1018.8136 |
| AMMONIA | 3376.8256 |
| WATER | 0.0 |
| TOTAL FLOW: | |
| KMOL/HR | 2.0703+04 |
| KG/HR | 2.1946+05 |
| L/MIN | 3.1785+04 |
| STATE VARIABLES: | |
| TEMP C | -5.0000 |
| PRES BAR | 240.0668 |
| VFRAC | 0.8625 |
| LFRAC | 0.1375 |
| SFRAC | 0.0 |
| ENTHALPY: | |
| CAL/MOL | -3648.3032 |
| CAL/GM | -344.1689 |
| CAL/SEC | -2.0981+07 |
| ENTROPY: | |
| CAL/MOL-K | -16.7720 |
| CAL/GM-K | -1.5822 |
| DENSITY: | |
| MOL/CC | 1.0856-02 |
| GM/CC | 0.1151 |
| AVG MW | 10.6003 |

R-1-IN
------

| | |
|---|---|
| STREAM ID | R-1-IN |
| FROM : | R-1-EXC |
| TO : | R-1 |
| | |
| SUBSTREAM: MIXED | |
| PHASE: | VAPOR |
| COMPONENTS: KMOL/HR | |
| HYDROGEN | 1.2028+04 |
| ARGON | 160.3077 |
| NITROGEN | 4084.7167 |
| METHANE | 993.1866 |
| AMMONIA | 604.5163 |

```
  WATER                  0.0
TOTAL FLOW:
  KMOL/HR                1.7870+04
  KG/HR                  1.7131+05
  L/MIN                  7.1166+04
STATE VARIABLES:
  TEMP   C               382.4327
  PRES   BAR             245.1663
  VFRAC                  1.0000
  LFRAC                  0.0
  SFRAC                  0.0
ENTHALPY:
  CAL/MOL                1322.0304
  CAL/GM                 137.9116
  CAL/SEC                6.5625+06
ENTROPY:
  CAL/MOL-K              -5.2521
  CAL/GM-K               -0.5479
DENSITY:
  MOL/CC                 4.1851-03
  GM/CC                  4.0119-02
AVG MW                   9.5861

R-2-IN
------

STREAM ID                R-2-IN
FROM :                   R-1-EXC
TO   :                   R-2

SUBSTREAM: MIXED
PHASE:                   VAPOR
COMPONENTS: KMOL/HR
  HYDROGEN               9236.2924
  ARGON                  160.3077
  NITROGEN               3154.2900
  METHANE                993.1866
  AMMONIA                2465.3698
  WATER                  0.0
TOTAL FLOW:
  KMOL/HR                1.6009+04
  KG/HR                  1.7131+05
  L/MIN                  7.0681+04
STATE VARIABLES:
  TEMP   C               454.0000
  PRES   BAR             243.4991
  VFRAC                  1.0000
  LFRAC                  0.0
  SFRAC                  0.0
ENTHALPY:
  CAL/MOL                583.7454
  CAL/GM                 54.5541
```

```
  CAL/SEC              2.5960+06
ENTROPY:
  CAL/MOL-K              -6.6672
  CAL/GM-K               -0.6231
DENSITY:
  MOL/CC               3.7751-03
  GM/CC                4.0394-02
AVG MW                   10.7003

R-3-IN
------

STREAM ID                R-3-IN
FROM :                   R-2-EXC
TO   :                   R-3

SUBSTREAM: MIXED
PHASE:                   VAPOR
COMPONENTS: KMOL/HR
  HYDROGEN             8477.0969
  ARGON                 160.3077
  NITROGEN             2901.2248
  METHANE               993.1866
  AMMONIA              2971.5002
  WATER                   0.0
TOTAL FLOW:
  KMOL/HR              1.5503+04
  KG/HR                1.7131+05
  L/MIN                6.7224+04
STATE VARIABLES:
  TEMP   C              435.0000
  PRES   BAR            241.2436
  VFRAC                   1.0000
  LFRAC                   0.0
  SFRAC                   0.0
ENTHALPY:
  CAL/MOL                10.9192
  CAL/GM                  0.9882
  CAL/SEC              4.7023+04
ENTROPY:
  CAL/MOL-K              -7.6389
  CAL/GM-K               -0.6913
DENSITY:
  MOL/CC               3.8437-03
  GM/CC                4.2471-02
AVG MW                   11.0496

R-3-VAP
-------

STREAM ID                R-3-VAP
FROM :                   R-3
```

```
TO   :                  BOILER

SUBSTREAM: MIXED
PHASE:                  VAPOR
COMPONENTS: KMOL/HR
  HYDROGEN              7795.3749
  ARGON                  160.3077
  NITROGEN              2673.9841
  METHANE                993.1866
  AMMONIA               3425.9815
  WATER                    0.0
TOTAL FLOW:
  KMOL/HR               1.5049+04
  KG/HR                 1.7131+05
  L/MIN                 6.8873+04
STATE VARIABLES:
  TEMP   C               473.0000
  PRES   BAR             240.0668
  VFRAC                    1.0000
  LFRAC                    0.0
  SFRAC                    0.0
ENTHALPY:
  CAL/MOL                -46.9051
  CAL/GM                  -4.1205
  CAL/SEC              -1.9607+05
ENTROPY:
  CAL/MOL-K               -7.9170
  CAL/GM-K                -0.6955
DENSITY:
  MOL/CC                3.6417-03
  GM/CC                 4.1454-02
AVG MW                    11.3833

RECY-1
------

STREAM ID               RECY-1
FROM :                  P-SEP
TO   :                  ----

SUBSTREAM: MIXED
PHASE:                  VAPOR
COMPONENTS: KMOL/HR
  HYDROGEN              1.2028+04
  ARGON                  160.2985
  NITROGEN              4084.6541
  METHANE                993.1041
  AMMONIA                604.5061
  WATER                    0.0
TOTAL FLOW:
  KMOL/HR               1.7870+04
  KG/HR                 1.7130+05
```

```
  L/MIN                 3.1747+04
STATE VARIABLES:
  TEMP   C                -5.0000
  PRES   BAR             229.4756
  VFRAC                    1.0000
  LFRAC                    0.0
  SFRAC                    0.0
ENTHALPY:
  CAL/MOL              -1638.6700
  CAL/GM                -170.9449
  CAL/SEC              -8.1342+06
ENTROPY:
  CAL/MOL-K              -11.9507
  CAL/GM-K                -1.2467
DENSITY:
  MOL/CC                9.3815-03
  GM/CC                 8.9930-02
AVG MW                     9.5860
```

### 8.3.4 Wymienniki ciepła

```
                                  ~APA98A.tmp

BLOCK:  1-CHILLE MODEL: HEATX
-----------------------------
  HOT SIDE:
  ---------
  INLET STREAM:              T-1-CHII
  OUTLET STREAM:             T-2-COOL
  PROPERTY OPTION SET:    PENG-ROB   STANDARD PR EQUATION OF STATE
  COLD SIDE:
  ----------
  INLET STREAM:              A-C-IN
  OUTLET STREAM:             A-C-S-IN
  PROPERTY OPTION SET:    PENG-ROB   STANDARD PR EQUATION OF STATE

                        ***  MASS AND ENERGY BALANCE  ***
                                    IN              OUT          RELATIVE DIFF.
   TOTAL BALANCE
      MOLE(KMOL/HR )             40156.8         40156.8          0.00000
      MASS(KG/HR   )             598909.         598909.          0.00000
      ENTHALPY(CAL/SEC )      -0.132368E+09   -0.132368E+09    0.251855E-08

                        ***  CO2 EQUIVALENT SUMMARY ***
   FEED STREAMS CO2E              398336.      KG/HR
   PRODUCT STREAMS CO2E           398336.      KG/HR
   NET STREAMS CO2E PRODUCTION    0.00000      KG/HR
   UTILITIES CO2E PRODUCTION      0.00000      KG/HR
   TOTAL CO2E PRODUCTION          0.00000      KG/HR

                            ***  INPUT DATA  ***

  FLASH SPECS FOR HOT SIDE:
  TWO    PHASE      FLASH
  MAXIMUM NO. ITERATIONS                                    30
  CONVERGENCE TOLERANCE                                     0.000100000

  FLASH SPECS FOR COLD SIDE:
  TWO    PHASE      FLASH
  MAXIMUM NO. ITERATIONS                                    30
  CONVERGENCE TOLERANCE                                     0.000100000

  FLOW DIRECTION AND SPECIFICATION:
    COUNTERCURRENT   HEAT EXCHANGER
    SPECIFIED HOT OUTLET TEMP
    SPECIFIED VALUE                 C                       18.0000
    LMTD CORRECTION FACTOR                                  1.00000

  PRESSURE SPECIFICATION:
    HOT  SIDE PRESSURE DROP         BAR                     0.0000
    COLD SIDE PRESSURE DROP         BAR                     0.0000

  HEAT TRANSFER COEFFICIENT SPECIFICATION:
    HOT LIQUID     COLD LIQUID      CAL/SEC-SQCM-K          0.0203
```

```
  HOT 2-PHASE   COLD LIQUID     CAL/SEC-SQCM-K           0.0203
  HOT VAPOR     COLD LIQUID     CAL/SEC-SQCM-K           0.0203
  HOT LIQUID    COLD 2-PHASE    CAL/SEC-SQCM-K           0.0203
  HOT 2-PHASE   COLD 2-PHASE    CAL/SEC-SQCM-K           0.0203
  HOT VAPOR     COLD 2-PHASE    CAL/SEC-SQCM-K           0.0203
  HOT LIQUID    COLD VAPOR      CAL/SEC-SQCM-K           0.0203
  HOT 2-PHASE   COLD VAPOR      CAL/SEC-SQCM-K           0.0203
  HOT VAPOR     COLD VAPOR      CAL/SEC-SQCM-K           0.0203

                       ***  OVERALL RESULTS  ***

STREAMS:
                ------------------------------------
                |                                  |
T-1-CHII  ----->|             HOT                  |-----> T-2-COOL
T=  3.0000D+01  |                                  |       T=  1.8000D+01
P=  2.4007D+02  |                                  |       P=  2.4007D+02
V=  8.4928D-01  |                                  |       V=  8.2407D-01
                |                                  |
A-C-S-IN  <-----|             COLD                 |<----- A-C-IN
T=  1.1335D+01  |                                  |       T=  1.0000D+01
P=  6.3743D+00  |                                  |       P=  6.3743D+00
V=  2.0338D-02  |                                  |       V=  0.0000D+00
                ------------------------------------

DUTY AND AREA:
  CALCULATED HEAT DUTY          CAL/SEC             907990.9612
  CALCULATED (REQUIRED) AREA    SQM                    371.9531
  ACTUAL EXCHANGER AREA         SQM                    371.9531
  PER CENT OVER-DESIGN                                   0.0000

HEAT TRANSFER COEFFICIENT:
  AVERAGE COEFFICIENT (DIRTY)   CAL/SEC-SQCM-K           0.0203
  UA (DIRTY)                    CAL/SEC-K            75513.5422

LOG-MEAN TEMPERATURE DIFFERENCE:
  LMTD CORRECTION FACTOR                                 1.0000
  LMTD (CORRECTED)              C                       12.0242
  NUMBER OF SHELLS IN SERIES                             1

PRESSURE DROP:
  HOTSIDE, TOTAL                BAR                      0.0000
  COLDSIDE, TOTAL               BAR                      0.0000

                       ***  ZONE RESULTS  ***

TEMPERATURE LEAVING EACH ZONE:

                                HOT
      ------------------------------------------------------------
      |                             |                            |
HOT IN |          COND               |          COND              | HOT OUT
```

```
------> |                               |                             |------>
  30.0  |                           20.5|                             |  18.0
        |                               |                             |
COLDOUT |            BOIL               |            LIQ              | COLDIN
<------ |                               |                             |<------
  11.3  |                           11.3|                             |  10.0
        |                               |                             |
        ---------------------------------------------------------------
                                      COLD
```

ZONE HEAT TRANSFER AND AREA:

| ZONE | HEAT DUTY CAL/SEC | AREA SQM | LMTD C | AVERAGE U CAL/SEC-SQCM-K | UA CAL/SEC-K |
|---|---|---|---|---|---|
| 1 | 725867.781 | 267.3987 | 13.3709 | 0.0203 | 54287.0254 |
| 2 | 182123.180 | 104.5543 | 8.5800 | 0.0203 | 21226.5167 |

HEATX COLD-TQCU 1-CHILLE TQCURV INLET

PRESSURE PROFILE: CONSTANT2
PRESSURE DROP: 0.0 BAR
PROPERTY OPTION SET: PENG-ROB STANDARD PR EQUATION OF STATE

| DUTY CAL/SEC | PRES BAR | TEMP C | VFRAC |
|---|---|---|---|
| 0.0 | 6.3743 | 11.3351 | 2.0338-02 |
| 4.3238+04 | 6.3743 | 11.3351 | 1.9126-02 |
| 8.6475+04 | 6.3743 | 11.3351 | 1.7915-02 |
| 1.2971+05 | 6.3743 | 11.3351 | 1.6704-02 |
| 1.7295+05 | 6.3743 | 11.3351 | 1.5492-02 |
| 2.1619+05 | 6.3743 | 11.3351 | 1.4281-02 |
| 2.5943+05 | 6.3743 | 11.3351 | 1.3069-02 |
| 3.0266+05 | 6.3743 | 11.3351 | 1.1858-02 |
| 3.4590+05 | 6.3743 | 11.3351 | 1.0646-02 |
| 3.8914+05 | 6.3743 | 11.3351 | 9.4347-03 |
| 4.3238+05 | 6.3743 | 11.3351 | 8.2233-03 |
| 4.7561+05 | 6.3743 | 11.3351 | 7.0118-03 |
| 5.1885+05 | 6.3743 | 11.3351 | 5.8003-03 |
| 5.6209+05 | 6.3743 | 11.3351 | 4.5889-03 |
| 6.0533+05 | 6.3743 | 11.3351 | 3.3774-03 |
| 6.4856+05 | 6.3743 | 11.3351 | 2.1659-03 |
| 6.9180+05 | 6.3743 | 11.3351 | 9.5446-04 |

| | | | |
|---|---|---|---|
| 7.2587+05 | 6.3743 | 11.3351 | BUB>0.0 |
| 7.3504+05 | 6.3743 | 11.2680 | 0.0 |
| 7.7828+05 | 6.3743 | 10.9514 | 0.0 |
| 8.2152+05 | 6.3743 | 10.6345 | 0.0 |
| 8.6475+05 | 6.3743 | 10.3174 | 0.0 |
| 9.0799+05 | 6.3743 | 10.0000 | 0.0 |

HEATX HOT-TQCUR 1-CHILLE TQCURV INLET

PRESSURE PROFILE: CONSTANT2
PRESSURE DROP: 0.0 BAR
PROPERTY OPTION SET: PENG-ROB STANDARD PR EQUATION OF STATE

| DUTY<br>CAL/SEC | PRES<br>BAR | TEMP<br>C | VFRAC |
|---|---|---|---|
| 0.0 | 240.0668 | 30.0000 | 0.8493 |
| 4.3238+04 | 240.0668 | 29.4603 | 0.8479 |
| 8.6475+04 | 240.0668 | 28.9175 | 0.8466 |
| 1.2971+05 | 240.0668 | 28.3716 | 0.8453 |
| 1.7295+05 | 240.0668 | 27.8227 | 0.8440 |
| 2.1619+05 | 240.0668 | 27.2706 | 0.8428 |
| 2.5943+05 | 240.0668 | 26.7154 | 0.8415 |
| 3.0266+05 | 240.0668 | 26.1571 | 0.8403 |
| 3.4590+05 | 240.0668 | 25.5957 | 0.8390 |
| 3.8914+05 | 240.0668 | 25.0310 | 0.8378 |
| 4.3238+05 | 240.0668 | 24.4631 | 0.8366 |
| 4.7561+05 | 240.0668 | 23.8921 | 0.8354 |
| 5.1885+05 | 240.0668 | 23.3177 | 0.8342 |
| 5.6209+05 | 240.0668 | 22.7402 | 0.8330 |
| 6.0533+05 | 240.0668 | 22.1593 | 0.8319 |
| 6.4856+05 | 240.0668 | 21.5752 | 0.8307 |
| 6.9180+05 | 240.0668 | 20.9877 | 0.8296 |
| 7.2587+05 | 240.0668 | 20.5225 | 0.8287 |
| 7.3504+05 | 240.0668 | 20.3969 | 0.8284 |
| 7.7828+05 | 240.0668 | 19.8028 | 0.8273 |
| 8.2152+05 | 240.0668 | 19.2052 | 0.8262 |
| 8.6475+05 | 240.0668 | 18.6043 | 0.8251 |
| 9.0799+05 | 240.0668 | 18.0000 | 0.8241 |

```
BLOCK:  1-COOLER MODEL: HEATX
-----------------------------
  HOT SIDE:
  ---------
  INLET STREAM:             T-1-COOL
  OUTLET STREAM:            T-1-CHII
  PROPERTY OPTION SET:   PENG-ROB  STANDARD PR EQUATION OF STATE
  COLD SIDE:
  ----------
  INLET STREAM:             T-C-1COO
  OUTLET STREAM:            T-COMP2
  PROPERTY OPTION SET:   PENG-ROB  STANDARD PR EQUATION OF STATE

                   ***  MASS AND ENERGY BALANCE  ***
                                 IN              OUT         RELATIVE DIFF.
   TOTAL BALANCE
      MOLE(KMOL/HR )           32919.1         32919.1         0.00000
      MASS(KG/HR   )           342612.         342612.         0.00000
      ENTHALPY(CAL/SEC )     -0.255639E+08   -0.255639E+08   -0.145724E-15

                   ***  CO2 EQUIVALENT SUMMARY ***
   FEED STREAMS CO2E            796673.      KG/HR
   PRODUCT STREAMS CO2E         796673.      KG/HR
   NET STREAMS CO2E PRODUCTION  0.00000      KG/HR
   UTILITIES CO2E PRODUCTION    0.00000      KG/HR
   TOTAL CO2E PRODUCTION        0.00000      KG/HR

                       ***  INPUT DATA  ***

  FLASH SPECS FOR HOT SIDE:
  TWO    PHASE      FLASH
  MAXIMUM NO. ITERATIONS                                  30
  CONVERGENCE TOLERANCE                                    0.000100000

  FLASH SPECS FOR COLD SIDE:
  TWO    PHASE      FLASH
  MAXIMUM NO. ITERATIONS                                  30
  CONVERGENCE TOLERANCE                                    0.000100000

  FLOW DIRECTION AND SPECIFICATION:
    COUNTERCURRENT   HEAT EXCHANGER
    SPECIFIED HOT OUTLET TEMP
    SPECIFIED VALUE              C                        30.0000
    LMTD CORRECTION FACTOR                                 1.00000

  PRESSURE SPECIFICATION:
    HOT  SIDE PRESSURE DROP      BAR                       0.0000
    COLD SIDE PRESSURE DROP      BAR                       0.0000

  HEAT TRANSFER COEFFICIENT SPECIFICATION:
    HOT LIQUID    COLD LIQUID      CAL/SEC-SQCM-K          0.0203
    HOT 2-PHASE   COLD LIQUID      CAL/SEC-SQCM-K          0.0203
```

```
 HOT VAPOR     COLD LIQUID     CAL/SEC-SQCM-K            0.0203
 HOT LIQUID    COLD 2-PHASE    CAL/SEC-SQCM-K            0.0203
 HOT 2-PHASE   COLD 2-PHASE    CAL/SEC-SQCM-K            0.0203
 HOT VAPOR     COLD 2-PHASE    CAL/SEC-SQCM-K            0.0203
 HOT LIQUID    COLD VAPOR      CAL/SEC-SQCM-K            0.0203
 HOT 2-PHASE   COLD VAPOR      CAL/SEC-SQCM-K            0.0203
 HOT VAPOR     COLD VAPOR      CAL/SEC-SQCM-K            0.0203

                  ***  OVERALL RESULTS  ***

STREAMS:
                ---------------------------------------
                |                                     |
T-1-COOL  ----->|              HOT                    |-----> T-1-CHII
T=  3.6000D+01  |                                     |       T=  3.0000D+01
P=  2.4007D+02  |                                     |       P=  2.4007D+02
V=  8.6548D-01  |                                     |       V=  8.4928D-01
                |                                     |
T-COMP2   <-----|              COLD                   |<----- T-C-1COO
T=  2.3949D+01  |                                     |       T=  1.1085D+01
P=  2.2948D+02  |                                     |       P=  2.2948D+02
V=  1.0000D+00  |                                     |       V=  1.0000D+00
                ---------------------------------------

DUTY AND AREA:
  CALCULATED HEAT DUTY            CAL/SEC           497737.7229
  CALCULATED (REQUIRED) AREA      SQM                  161.0168
  ACTUAL EXCHANGER AREA           SQM                  161.0168
  PER CENT OVER-DESIGN                                   0.0000

HEAT TRANSFER COEFFICIENT:
  AVERAGE COEFFICIENT (DIRTY)     CAL/SEC-SQCM-K         0.0203
  UA (DIRTY)                      CAL/SEC-K          32689.4786

LOG-MEAN TEMPERATURE DIFFERENCE:
  LMTD CORRECTION FACTOR                                 1.0000
  LMTD (CORRECTED)                C                     15.2262
  NUMBER OF SHELLS IN SERIES                             1

PRESSURE DROP:
  HOTSIDE, TOTAL                  BAR                    0.0000
  COLDSIDE, TOTAL                 BAR                    0.0000

                  ***  ZONE RESULTS  ***

TEMPERATURE LEAVING EACH ZONE:

                                   HOT
        -------------------------------------------------------------
        |                                                           |
HOT IN  |                         COND                              | HOT OUT
------> |                                                           |------>
```

```
 36.0  |                                                        |  30.0
       |                                                        |
COLDOUT|                       VAP                              | COLDIN
<------|                                                        |<------
 23.9  |                                                        |  11.1
       |                                                        |
       ----------------------------------------------------------
                               COLD
```

ZONE HEAT TRANSFER AND AREA:

| ZONE | HEAT DUTY CAL/SEC | AREA SQM | LMTD C | AVERAGE U CAL/SEC-SQCM-K | UA CAL/SEC-K |
|---|---|---|---|---|---|
| 1 | 497737.723 | 161.0168 | 15.2262 | 0.0203 | 32689.4786 |

HEATX COLD-TQCU 1-COOLER TQCURV INLET

PRESSURE PROFILE: CONSTANT2
PRESSURE DROP: 0.0 BAR
PROPERTY OPTION SET: PENG-ROB STANDARD PR EQUATION OF STATE

| DUTY CAL/SEC | PRES BAR | TEMP C | VFRAC |
|---|---|---|---|
| 0.0 | 229.4756 | 23.9489 | 1.0000 |
| 2.3702+04 | 229.4756 | 23.3345 | 1.0000 |
| 4.7404+04 | 229.4756 | 22.7202 | 1.0000 |
| 7.1105+04 | 229.4756 | 22.1061 | 1.0000 |
| 9.4807+04 | 229.4756 | 21.4922 | 1.0000 |
| 1.1851+05 | 229.4756 | 20.8785 | 1.0000 |
| 1.4221+05 | 229.4756 | 20.2650 | 1.0000 |
| 1.6591+05 | 229.4756 | 19.6517 | 1.0000 |
| 1.8961+05 | 229.4756 | 19.0385 | 1.0000 |
| 2.1332+05 | 229.4756 | 18.4255 | 1.0000 |
| 2.3702+05 | 229.4756 | 17.8127 | 1.0000 |
| 2.6072+05 | 229.4756 | 17.2001 | 1.0000 |
| 2.8442+05 | 229.4756 | 16.5877 | 1.0000 |
| 3.0812+05 | 229.4756 | 15.9754 | 1.0000 |
| 3.3183+05 | 229.4756 | 15.3634 | 1.0000 |
| 3.5553+05 | 229.4756 | 14.7515 | 1.0000 |
| 3.7923+05 | 229.4756 | 14.1399 | 1.0000 |
| 4.0293+05 | 229.4756 | 13.5284 | 1.0000 |
| 4.2663+05 | 229.4756 | 12.9172 | 1.0000 |

| | | | |
|---|---|---|---|
| 4.5033+05 | 229.4756 | 12.3061 | 1.0000 |
| 4.7404+05 | 229.4756 | 11.6953 | 1.0000 |
| 4.9774+05 | 229.4756 | 11.0846 | 1.0000 |

HEATX HOT-TQCUR 1-COOLER TQCURV INLET

PRESSURE PROFILE: CONSTANT2
PRESSURE DROP: 0.0 BAR
PROPERTY OPTION SET: PENG-ROB STANDARD PR EQUATION OF STATE

| DUTY<br>CAL/SEC | PRES<br>BAR | TEMP<br>C | VFRAC |
|---|---|---|---|
| 0.0 | 240.0668 | 36.0000 | 0.8655 |
| 2.3702+04 | 240.0668 | 35.7230 | 0.8647 |
| 4.7404+04 | 240.0668 | 35.4451 | 0.8639 |
| 7.1105+04 | 240.0668 | 35.1663 | 0.8631 |
| 9.4807+04 | 240.0668 | 34.8867 | 0.8623 |
| 1.1851+05 | 240.0668 | 34.6063 | 0.8615 |
| 1.4221+05 | 240.0668 | 34.3250 | 0.8607 |
| 1.6591+05 | 240.0668 | 34.0428 | 0.8599 |
| 1.8961+05 | 240.0668 | 33.7598 | 0.8591 |
| 2.1332+05 | 240.0668 | 33.4759 | 0.8583 |
| 2.3702+05 | 240.0668 | 33.1911 | 0.8575 |
| 2.6072+05 | 240.0668 | 32.9054 | 0.8568 |
| 2.8442+05 | 240.0668 | 32.6189 | 0.8560 |
| 3.0812+05 | 240.0668 | 32.3315 | 0.8552 |
| 3.3183+05 | 240.0668 | 32.0432 | 0.8545 |
| 3.5553+05 | 240.0668 | 31.7540 | 0.8537 |
| 3.7923+05 | 240.0668 | 31.4639 | 0.8530 |
| 4.0293+05 | 240.0668 | 31.1729 | 0.8522 |
| 4.2663+05 | 240.0668 | 30.8810 | 0.8515 |
| 4.5033+05 | 240.0668 | 30.5883 | 0.8507 |
| 4.7404+05 | 240.0668 | 30.2946 | 0.8500 |
| 4.9774+05 | 240.0668 | 30.0000 | 0.8493 |

BLOCK: 2-CHILL MODEL: HEATX

HOT SIDE:

```
INLET STREAM:              T-2-CHIL
OUTLET STREAM:             T-SEP
PROPERTY OPTION SET:    PENG-ROB  STANDARD PR EQUATION OF STATE
COLD SIDE:
----------
INLET STREAM:              A-C-2IN
OUTLET STREAM:             A-C-OUT
PROPERTY OPTION SET:    PENG-ROB  STANDARD PR EQUATION OF STATE

                  ***  MASS AND ENERGY BALANCE  ***
                                IN                OUT          RELATIVE DIFF.
 TOTAL BALANCE
    MOLE(KMOL/HR )          45811.4           45811.4           0.00000
    MASS(KG/HR   )          647066.           647066.           0.00000
    ENTHALPY(CAL/SEC )    -0.133731E+09   -0.133731E+09   -0.222852E-15

                  ***  CO2 EQUIVALENT SUMMARY ***
 FEED STREAMS CO2E              408615.       KG/HR
 PRODUCT STREAMS CO2E           408615.       KG/HR
 NET STREAMS CO2E PRODUCTION    0.00000       KG/HR
 UTILITIES CO2E PRODUCTION      0.00000       KG/HR
 TOTAL CO2E PRODUCTION          0.00000       KG/HR

                      ***  INPUT DATA  ***

FLASH SPECS FOR HOT SIDE:
TWO    PHASE      FLASH
MAXIMUM NO. ITERATIONS                                       30
CONVERGENCE TOLERANCE                                         0.000100000

FLASH SPECS FOR COLD SIDE:
TWO    PHASE      FLASH
MAXIMUM NO. ITERATIONS                                       30
CONVERGENCE TOLERANCE                                         0.000100000

FLOW DIRECTION AND SPECIFICATION:
  COUNTERCURRENT   HEAT EXCHANGER
  SPECIFIED HOT OUTLET TEMP
  SPECIFIED VALUE                  C                         -5.0000
  LMTD CORRECTION FACTOR                                      1.00000

PRESSURE SPECIFICATION:
  HOT  SIDE PRESSURE DROP          BAR                        0.0000
  COLD SIDE PRESSURE DROP          BAR                        0.0000

HEAT TRANSFER COEFFICIENT SPECIFICATION:
  HOT LIQUID     COLD LIQUID      CAL/SEC-SQCM-K              0.0203
  HOT 2-PHASE    COLD LIQUID      CAL/SEC-SQCM-K              0.0203
  HOT VAPOR      COLD LIQUID      CAL/SEC-SQCM-K              0.0203
  HOT LIQUID     COLD 2-PHASE     CAL/SEC-SQCM-K              0.0203
  HOT 2-PHASE    COLD 2-PHASE     CAL/SEC-SQCM-K              0.0203
  HOT VAPOR      COLD 2-PHASE     CAL/SEC-SQCM-K              0.0203
```

```
   HOT LIQUID    COLD VAPOR        CAL/SEC-SQCM-K            0.0203
   HOT 2-PHASE   COLD VAPOR        CAL/SEC-SQCM-K            0.0203
   HOT VAPOR     COLD VAPOR        CAL/SEC-SQCM-K            0.0203

                    ***  OVERALL RESULTS  ***

 STREAMS:
               -------------------------------------
               |                                   |
 T-2-CHIL  ----->|              HOT                  |-----> T-SEP
 T=  9.4391D+00 |                                   |       T= -5.0000D+00
 P=  2.4007D+02 |                                   |       P=  2.4007D+02
 V=  8.7997D-01 |                                   |       V=  8.6252D-01
               |                                   |
 A-C-OUT   <-----|              COLD                 |<----- A-C-2IN
 T= -1.7864D+01 |                                   |       T= -1.7864D+01
 P=  2.0594D+00 |                                   |       P=  2.0594D+00
 V=  1.2411D-01 |                                   |       V=  9.2880D-02
               -------------------------------------

 DUTY AND AREA:
   CALCULATED HEAT DUTY            CAL/SEC            1196122.5660
   CALCULATED (REQUIRED) AREA      SQM                    307.0733
   ACTUAL EXCHANGER AREA           SQM                    307.0733
   PER CENT OVER-DESIGN                                     0.0000

 HEAT TRANSFER COEFFICIENT:
   AVERAGE COEFFICIENT (DIRTY)     CAL/SEC-SQCM-K           0.0203
   UA (DIRTY)                      CAL/SEC-K            62341.7169

 LOG-MEAN TEMPERATURE DIFFERENCE:
   LMTD CORRECTION FACTOR                                   1.0000
   LMTD (CORRECTED)                C                       19.1866
   NUMBER OF SHELLS IN SERIES                                1

 PRESSURE DROP:
   HOTSIDE, TOTAL                  BAR                      0.0000
   COLDSIDE, TOTAL                 BAR                      0.0000

                    ***  ZONE RESULTS  ***

 TEMPERATURE LEAVING EACH ZONE:

                                   HOT
          -------------------------------------------------------------
          |                                                           |
 HOT IN   |                        COND                               | HOT OUT
 ------>  |                                                           |------>
    9.4   |                                                           |  -5.0
          |                                                           |
 COLDOUT  |                        BOIL                               | COLDIN
 <------  |                                                           |<------
```

```
-17.9 |                                                          | -17.9
      |                                                          |
      ------------------------------------------------------------
                                COLD
```

ZONE HEAT TRANSFER AND AREA:

| ZONE | HEAT DUTY CAL/SEC | AREA SQM | LMTD C | AVERAGE U CAL/SEC-SQCM-K | UA CAL/SEC-K |
|---|---|---|---|---|---|
| 1 | 1196122.566 | 307.0733 | 19.1866 | 0.0203 | 62341.7169 |

HEATX COLD-TQCU 2-CHILL TQCURV INLET

PRESSURE PROFILE: CONSTANT2
PRESSURE DROP: 0.0 BAR
PROPERTY OPTION SET: PENG-ROB STANDARD PR EQUATION OF STATE

| DUTY CAL/SEC | PRES BAR | TEMP C | VFRAC |
|---|---|---|---|
| 0.0 | 2.0594 | -17.8641 | 0.1241 |
| 5.6958+04 | 2.0594 | -17.8641 | 0.1226 |
| 1.1392+05 | 2.0594 | -17.8641 | 0.1211 |
| 1.7087+05 | 2.0594 | -17.8641 | 0.1196 |
| 2.2783+05 | 2.0594 | -17.8641 | 0.1182 |
| 2.8479+05 | 2.0594 | -17.8641 | 0.1167 |
| 3.4175+05 | 2.0594 | -17.8641 | 0.1152 |
| 3.9871+05 | 2.0594 | -17.8641 | 0.1137 |
| 4.5567+05 | 2.0594 | -17.8641 | 0.1122 |
| 5.1262+05 | 2.0594 | -17.8641 | 0.1107 |
| 5.6958+05 | 2.0594 | -17.8641 | 0.1092 |
| 6.2654+05 | 2.0594 | -17.8641 | 0.1078 |
| 6.8350+05 | 2.0594 | -17.8641 | 0.1063 |
| 7.4046+05 | 2.0594 | -17.8641 | 0.1048 |
| 7.9742+05 | 2.0594 | -17.8641 | 0.1033 |
| 8.5437+05 | 2.0594 | -17.8641 | 0.1018 |
| 9.1133+05 | 2.0594 | -17.8641 | 0.1003 |
| 9.6829+05 | 2.0594 | -17.8641 | 9.8828-02 |
| 1.0252+06 | 2.0594 | -17.8641 | 9.7341-02 |
| 1.0822+06 | 2.0594 | -17.8641 | 9.5854-02 |
| 1.1392+06 | 2.0594 | -17.8641 | 9.4367-02 |
| 1.1961+06 | 2.0594 | -17.8641 | 9.2880-02 |

```
----------------------------------------------------

HEATX HOT-TQCUR 2-CHILL  TQCURV INLET
-------------------------------------
  PRESSURE PROFILE:       CONSTANT2
  PRESSURE DROP:          0.0         BAR
  PROPERTY OPTION SET:    PENG-ROB  STANDARD PR EQUATION OF STATE

----------------------------------------------------
! DUTY       ! PRES       ! TEMP       ! VFRAC      !
!            !            !            !            !
!            !            !            !            !
!            !            !            !            !
! CAL/SEC    ! BAR        ! C          !            !
!            !            !            !            !
!============!============!============!============!
!    0.0     !  240.0668  !    9.4391  !    0.8800  !
! 5.6958+04  !  240.0668  !    8.7916  !    0.8790  !
! 1.1392+05  !  240.0668  !    8.1402  !    0.8781  !
! 1.7087+05  !  240.0668  !    7.4849  !    0.8772  !
! 2.2783+05  !  240.0668  !    6.8257  !    0.8762  !
!------------+------------+------------+------------!
! 2.8479+05  !  240.0668  !    6.1625  !    0.8753  !
! 3.4175+05  !  240.0668  !    5.4953  !    0.8745  !
! 3.9871+05  !  240.0668  !    4.8242  !    0.8736  !
! 4.5567+05  !  240.0668  !    4.1490  !    0.8727  !
! 5.1262+05  !  240.0668  !    3.4699  !    0.8719  !
!------------+------------+------------+------------!
! 5.6958+05  !  240.0668  !    2.7866  !    0.8710  !
! 6.2654+05  !  240.0668  !    2.0994  !    0.8702  !
! 6.8350+05  !  240.0668  !    1.4080  !    0.8694  !
! 7.4046+05  !  240.0668  !    0.7126  !    0.8686  !
! 7.9742+05  !  240.0668  ! 1.3034-02  !    0.8678  !
!------------+------------+------------+------------!
! 8.5437+05  !  240.0668  !   -0.6906  !    0.8670  !
! 9.1133+05  !  240.0668  !   -1.3984  !    0.8662  !
! 9.6829+05  !  240.0668  !   -2.1104  !    0.8654  !
! 1.0252+06  !  240.0668  !   -2.8265  !    0.8647  !
! 1.0822+06  !  240.0668  !   -3.5468  !    0.8640  !
!------------+------------+------------+------------!
! 1.1392+06  !  240.0668  !   -4.2713  !    0.8632  !
! 1.1961+06  !  240.0668  !   -5.0000  !    0.8625  !
----------------------------------------------------

BLOCK:  2-COOLER MODEL: HEATX
-----------------------------
  HOT SIDE:
  ---------
  INLET STREAM:             T-2-COOL
  OUTLET STREAM:            T-L-SPLI
  PROPERTY OPTION SET:    PENG-ROB  STANDARD PR EQUATION OF STATE
  COLD SIDE:
```

```
----------
INLET STREAM:              RECY-2
OUTLET STREAM:             T-C-1COO
PROPERTY OPTION SET:    PENG-ROB  STANDARD PR EQUATION OF STATE

                    ***  MASS AND ENERGY BALANCE  ***
                                 IN              OUT          RELATIVE DIFF.
 TOTAL BALANCE
    MOLE(KMOL/HR )           32919.1          32919.1          0.00000
    MASS(KG/HR   )           342612.          342612.          0.00000
    ENTHALPY(CAL/SEC )     -0.275971E+08   -0.275971E+08    -0.822117E-07

                    ***  CO2 EQUIVALENT SUMMARY ***
 FEED STREAMS CO2E              796673.      KG/HR
 PRODUCT STREAMS CO2E           796673.      KG/HR
 NET STREAMS CO2E PRODUCTION    0.00000      KG/HR
 UTILITIES CO2E PRODUCTION      0.00000      KG/HR
 TOTAL CO2E PRODUCTION          0.00000      KG/HR

                        ***  INPUT DATA  ***

FLASH SPECS FOR HOT SIDE:
TWO    PHASE      FLASH
MAXIMUM NO. ITERATIONS                                      30
CONVERGENCE TOLERANCE                                        0.000100000

FLASH SPECS FOR COLD SIDE:
TWO    PHASE      FLASH
MAXIMUM NO. ITERATIONS                                      30
CONVERGENCE TOLERANCE                                        0.000100000

FLOW DIRECTION AND SPECIFICATION:
  COUNTERCURRENT   HEAT EXCHANGER
  SPECIFIED HOT OUTLET TEMP
  SPECIFIED VALUE               C                           8.8360
  LMTD CORRECTION FACTOR                                    1.00000

PRESSURE SPECIFICATION:
  HOT  SIDE PRESSURE DROP       BAR                         0.0000
  COLD SIDE PRESSURE DROP       BAR                         0.0000

HEAT TRANSFER COEFFICIENT SPECIFICATION:
  HOT LIQUID    COLD LIQUID     CAL/SEC-SQCM-K              0.0203
  HOT 2-PHASE   COLD LIQUID     CAL/SEC-SQCM-K              0.0203
  HOT VAPOR     COLD LIQUID     CAL/SEC-SQCM-K              0.0203
  HOT LIQUID    COLD 2-PHASE    CAL/SEC-SQCM-K              0.0203
  HOT 2-PHASE   COLD 2-PHASE    CAL/SEC-SQCM-K              0.0203
  HOT VAPOR     COLD 2-PHASE    CAL/SEC-SQCM-K              0.0203
  HOT LIQUID    COLD VAPOR      CAL/SEC-SQCM-K              0.0203
  HOT 2-PHASE   COLD VAPOR      CAL/SEC-SQCM-K              0.0203
  HOT VAPOR     COLD VAPOR      CAL/SEC-SQCM-K              0.0203
```

```
                              ~APA98A.tmp
                        ***  OVERALL RESULTS  ***

 STREAMS:
             -------------------------------------
             |                                   |
 T-2-COOL  ----->|            HOT                |-----> T-L-SPLI
 T=  1.8000D+01  |                               |       T=  8.8360D+00
 P=  2.4007D+02  |                               |       P=  2.4007D+02
 V=  8.2407D-01  |                               |       V=  8.0984D-01
                 |                               |
 T-C-1COO  <-----|            COLD               |<----- RECY-2
 T=  1.1085D+01  |                               |       T= -5.0000D+00
 P=  2.2948D+02  |                               |       P=  2.2948D+02
 V=  1.0000D+00  |                               |       V=  1.0000D+00
             -------------------------------------

 DUTY AND AREA:
   CALCULATED HEAT DUTY          CAL/SEC              627437.7533
   CALCULATED (REQUIRED) AREA    SQM                     309.7075
   ACTUAL EXCHANGER AREA         SQM                     309.7075
   PER CENT OVER-DESIGN                                    0.0000

 HEAT TRANSFER COEFFICIENT:
   AVERAGE COEFFICIENT (DIRTY)   CAL/SEC-SQCM-K            0.0203
   UA (DIRTY)                    CAL/SEC-K             62876.5023

 LOG-MEAN TEMPERATURE DIFFERENCE:
   LMTD CORRECTION FACTOR                                  1.0000
   LMTD (CORRECTED)              C                         9.9789
   NUMBER OF SHELLS IN SERIES                              1

 PRESSURE DROP:
   HOTSIDE, TOTAL                BAR                       0.0000
   COLDSIDE, TOTAL               BAR                       0.0000

                        ***  ZONE RESULTS  ***

 TEMPERATURE LEAVING EACH ZONE:

                                  HOT
        ------------------------------------------------------------
        |                                                          |
 HOT IN |                         COND                             | HOT OUT
 ------>|                                                          |------>
  18.0  |                                                          |   8.8
        |                                                          |
 COLDOUT|                         VAP                              | COLDIN
 <------|                                                          |<------
  11.1  |                                                          |  -5.0
        |                                                          |
        ------------------------------------------------------------
                                  COLD
```

ZONE HEAT TRANSFER AND AREA:

| ZONE | HEAT DUTY CAL/SEC | AREA SQM | LMTD C | AVERAGE U CAL/SEC-SQCM-K | UA CAL/SEC-K |
|---|---|---|---|---|---|
| 1 | 627437.753 | 309.7075 | 9.9789 | 0.0203 | 62876.5023 |

HEATX COLD-TQCU 2-COOLER TQCURV INLET

PRESSURE PROFILE: CONSTANT2
PRESSURE DROP: 0.0 BAR
PROPERTY OPTION SET: PENG-ROB STANDARD PR EQUATION OF STATE

| DUTY CAL/SEC | PRES BAR | TEMP C | VFRAC |
|---|---|---|---|
| 0.0 | 229.4756 | 11.0846 | 1.0000 |
| 2.9878+04 | 229.4756 | 10.3152 | 1.0000 |
| 5.9756+04 | 229.4756 | 9.5460 | 1.0000 |
| 8.9634+04 | 229.4756 | 8.7772 | 1.0000 |
| 1.1951+05 | 229.4756 | 8.0088 | 1.0000 |
| 1.4939+05 | 229.4756 | 7.2406 | 1.0000 |
| 1.7927+05 | 229.4756 | 6.4728 | 1.0000 |
| 2.0915+05 | 229.4756 | 5.7054 | 1.0000 |
| 2.3902+05 | 229.4756 | 4.9383 | 1.0000 |
| 2.6890+05 | 229.4756 | 4.1716 | 1.0000 |
| 2.9878+05 | 229.4756 | 3.4052 | 1.0000 |
| 3.2866+05 | 229.4756 | 2.6392 | 1.0000 |
| 3.5854+05 | 229.4756 | 1.8736 | 1.0000 |
| 3.8841+05 | 229.4756 | 1.1083 | 1.0000 |
| 4.1829+05 | 229.4756 | 0.3434 | 1.0000 |
| 4.4817+05 | 229.4756 | -0.4211 | 1.0000 |
| 4.7805+05 | 229.4756 | -1.1852 | 1.0000 |
| 5.0793+05 | 229.4756 | -1.9490 | 1.0000 |
| 5.3780+05 | 229.4756 | -2.7123 | 1.0000 |
| 5.6768+05 | 229.4756 | -3.4753 | 1.0000 |
| 5.9756+05 | 229.4756 | -4.2379 | 1.0000 |
| 6.2744+05 | 229.4756 | -5.0000 | 1.0000 |

HEATX HOT-TQCUR 2-COOLER TQCURV INLET

```
PRESSURE PROFILE:        CONSTANT2
PRESSURE DROP:           0.0         BAR
PROPERTY OPTION SET:     PENG-ROB   STANDARD PR EQUATION OF STATE
```

| DUTY CAL/SEC | PRES BAR | TEMP C | VFRAC |
|---|---|---|---|
| 0.0 | 240.0668 | 18.0000 | 0.8241 |
| 2.9878+04 | 240.0668 | 17.5804 | 0.8233 |
| 5.9756+04 | 240.0668 | 17.1592 | 0.8226 |
| 8.9634+04 | 240.0668 | 16.7363 | 0.8219 |
| 1.1951+05 | 240.0668 | 16.3118 | 0.8212 |
| 1.4939+05 | 240.0668 | 15.8856 | 0.8204 |
| 1.7927+05 | 240.0668 | 15.4577 | 0.8197 |
| 2.0915+05 | 240.0668 | 15.0282 | 0.8190 |
| 2.3902+05 | 240.0668 | 14.5970 | 0.8183 |
| 2.6890+05 | 240.0668 | 14.1641 | 0.8177 |
| 2.9878+05 | 240.0668 | 13.7295 | 0.8170 |
| 3.2866+05 | 240.0668 | 13.2932 | 0.8163 |
| 3.5854+05 | 240.0668 | 12.8552 | 0.8156 |
| 3.8841+05 | 240.0668 | 12.4155 | 0.8150 |
| 4.1829+05 | 240.0668 | 11.9741 | 0.8143 |
| 4.4817+05 | 240.0668 | 11.5310 | 0.8136 |
| 4.7805+05 | 240.0668 | 11.0862 | 0.8130 |
| 5.0793+05 | 240.0668 | 10.6396 | 0.8123 |
| 5.3780+05 | 240.0668 | 10.1913 | 0.8117 |
| 5.6768+05 | 240.0668 | 9.7413 | 0.8111 |
| 5.9756+05 | 240.0668 | 9.2895 | 0.8105 |
| 6.2744+05 | 240.0668 | 8.8360 | 0.8098 |

```
BLOCK:  BOILER   MODEL: HEATX
-----------------------------
  HOT SIDE:
  ---------
  INLET STREAM:            R-3-VAP
  OUTLET STREAM:           T-F-HEAT
  PROPERTY OPTION SET:   PENG-ROB   STANDARD PR EQUATION OF STATE
  COLD SIDE:
  ----------
  INLET STREAM:            BFW
  OUTLET STREAM:           STEAM
  PROPERTY OPTION SET:   PENG-ROB   STANDARD PR EQUATION OF STATE
```

*** MASS AND ENERGY BALANCE ***

| | IN | OUT | RELATIVE DIFF. |
|---|---|---|---|
| TOTAL BALANCE | | | |
| MOLE(KMOL/HR ) | 24493.8 | 24493.8 | 0.00000 |
| MASS(KG/HR ) | 341460. | 341460. | 0.00000 |
| ENTHALPY(CAL/SEC ) | -0.167095E+09 | -0.167095E+09 | 0.178355E-15 |

*** CO2 EQUIVALENT SUMMARY ***

| | | |
|---|---|---|
| FEED STREAMS CO2E | 398336. | KG/HR |
| PRODUCT STREAMS CO2E | 398336. | KG/HR |
| NET STREAMS CO2E PRODUCTION | 0.00000 | KG/HR |
| UTILITIES CO2E PRODUCTION | 0.00000 | KG/HR |
| TOTAL CO2E PRODUCTION | 0.00000 | KG/HR |

*** INPUT DATA ***

FLASH SPECS FOR HOT SIDE:
TWO PHASE FLASH
MAXIMUM NO. ITERATIONS 30
CONVERGENCE TOLERANCE 0.000100000

FLASH SPECS FOR COLD SIDE:
TWO PHASE FLASH
MAXIMUM NO. ITERATIONS 30
CONVERGENCE TOLERANCE 0.000100000

FLOW DIRECTION AND SPECIFICATION:
COUNTERCURRENT HEAT EXCHANGER
SPECIFIED HOT OUTLET TEMP
SPECIFIED VALUE C 290.0000
LMTD CORRECTION FACTOR 1.00000

PRESSURE SPECIFICATION:
HOT SIDE PRESSURE DROP BAR 0.0000
COLD SIDE PRESSURE DROP BAR 0.0000

HEAT TRANSFER COEFFICIENT SPECIFICATION:

| | | | |
|---|---|---|---|
| HOT LIQUID | COLD LIQUID | CAL/SEC-SQCM-K | 0.0203 |
| HOT 2-PHASE | COLD LIQUID | CAL/SEC-SQCM-K | 0.0203 |
| HOT VAPOR | COLD LIQUID | CAL/SEC-SQCM-K | 0.0203 |
| HOT LIQUID | COLD 2-PHASE | CAL/SEC-SQCM-K | 0.0203 |
| HOT 2-PHASE | COLD 2-PHASE | CAL/SEC-SQCM-K | 0.0203 |
| HOT VAPOR | COLD 2-PHASE | CAL/SEC-SQCM-K | 0.0203 |
| HOT LIQUID | COLD VAPOR | CAL/SEC-SQCM-K | 0.0203 |
| HOT 2-PHASE | COLD VAPOR | CAL/SEC-SQCM-K | 0.0203 |
| HOT VAPOR | COLD VAPOR | CAL/SEC-SQCM-K | 0.0203 |

*** OVERALL RESULTS ***

STREAMS:

--------------------------------------

```
                     |                                       |
R-3-VAP    ----->|                 HOT                      |-----> T-F-HEAT
T=  4.7300D+02   |                                          |        T=  2.9000D+02
P=  2.4007D+02   |                                          |        P=  2.4007D+02
V=  1.0000D+00   |                                          |        V=  1.0000D+00
                 |                                          |
STEAM     <-----|                 COLD                     |<----- BFW
T=  3.2781D+02   |                                          |        T=  2.6700D+02
P=  1.2651D+02   |                                          |        P=  1.2651D+02
V=  1.3598D-01   |                                          |        V=  0.0000D+00
                  ------------------------------------------

DUTY AND AREA:
  CALCULATED HEAT DUTY             CAL/SEC            6703117.9563
  CALCULATED (REQUIRED) AREA       SQM                    545.0391
  ACTUAL EXCHANGER AREA            SQM                    545.0391
  PER CENT OVER-DESIGN                                      0.0000

HEAT TRANSFER COEFFICIENT:
  AVERAGE COEFFICIENT (DIRTY)      CAL/SEC-SQCM-K           0.0203
  UA (DIRTY)                       CAL/SEC-K           110653.3081

LOG-MEAN TEMPERATURE DIFFERENCE:
  LMTD CORRECTION FACTOR                                    1.0000
  LMTD (CORRECTED)                 C                       60.5777
  NUMBER OF SHELLS IN SERIES                                1

PRESSURE DROP:
  HOTSIDE, TOTAL                   BAR                      0.0000
  COLDSIDE, TOTAL                  BAR                      0.0000

                    ***  ZONE RESULTS  ***

TEMPERATURE LEAVING EACH ZONE:

                                  HOT
       ------------------------------------------------------------
       |                              |                              |
HOT IN |             VAP              |             VAP              | HOT OUT
------>|                              |                              |------>
 473.0 |                         424.5|                              |  290.0
       |                              |                              |
COLDOUT|             BOIL             |             LIQ              | COLDIN
<------|                              |                              |<------
 327.8 |                         327.8|                              |  267.0
       |                              |                              |
       ------------------------------------------------------------
                                  COLD

ZONE HEAT TRANSFER AND AREA:

ZONE       HEAT DUTY       AREA        LMTD       AVERAGE U       UA
```

| | CAL/SEC | SQM | C | CAL/SEC-SQCM-K | CAL/SEC-K |
|---|---|---|---|---|---|
| 1 | 1801326.445 | 74.3888 | 119.2747 | 0.0203 | 15102.3330 |
| 2 | 4901791.512 | 470.6504 | 51.3003 | 0.0203 | 95550.9751 |

HEATX COLD-TQCU BOILER TQCURV INLET

PRESSURE PROFILE: CONSTANT2
PRESSURE DROP: 0.0 BAR
PROPERTY OPTION SET: PENG-ROB STANDARD PR EQUATION OF STATE

| DUTY<br>CAL/SEC | PRES<br>BAR | TEMP<br>C | VFRAC |
|---|---|---|---|
| 0.0 | 126.5058 | 327.8095 | 0.1360 |
| 3.1920+05 | 126.5058 | 327.8095 | 0.1119 |
| 6.3839+05 | 126.5058 | 327.8095 | 8.7790-02 |
| 9.5759+05 | 126.5058 | 327.8095 | 6.3694-02 |
| 1.2768+06 | 126.5058 | 327.8095 | 3.9598-02 |
| 1.5960+06 | 126.5058 | 327.8095 | 1.5502-02 |
| 1.8013+06 | 126.5058 | 327.8095 | BUB>0.0 |
| 1.9152+06 | 126.5058 | 326.7492 | 0.0 |
| 2.2344+06 | 126.5058 | 323.6681 | 0.0 |
| 2.5536+06 | 126.5058 | 320.4326 | 0.0 |
| 2.8728+06 | 126.5058 | 317.0496 | 0.0 |
| 3.1920+06 | 126.5058 | 313.5257 | 0.0 |
| 3.5112+06 | 126.5058 | 309.8670 | 0.0 |
| 3.8304+06 | 126.5058 | 306.0793 | 0.0 |
| 4.1495+06 | 126.5058 | 302.1680 | 0.0 |
| 4.4687+06 | 126.5058 | 298.1384 | 0.0 |
| 4.7879+06 | 126.5058 | 293.9954 | 0.0 |
| 5.1071+06 | 126.5058 | 289.7435 | 0.0 |
| 5.4263+06 | 126.5058 | 285.3873 | 0.0 |
| 5.7455+06 | 126.5058 | 280.9309 | 0.0 |
| 6.0647+06 | 126.5058 | 276.3784 | 0.0 |
| 6.3839+06 | 126.5058 | 271.7335 | 0.0 |
| 6.7031+06 | 126.5058 | 267.0000 | 0.0 |

HEATX HOT-TQCUR BOILER TQCURV INLET

PRESSURE PROFILE: CONSTANT2
PRESSURE DROP: 0.0 BAR

PROPERTY OPTION SET: PENG-ROB STANDARD PR EQUATION OF STATE

| DUTY CAL/SEC | PRES BAR | TEMP C | VFRAC |
|---|---|---|---|
| 0.0 | 240.0668 | 473.0000 | 1.0000 |
| 3.1920+05 | 240.0668 | 464.4362 | 1.0000 |
| 6.3839+05 | 240.0668 | 455.8554 | 1.0000 |
| 9.5759+05 | 240.0668 | 447.2579 | 1.0000 |
| 1.2768+06 | 240.0668 | 438.6437 | 1.0000 |
| 1.5960+06 | 240.0668 | 430.0133 | 1.0000 |
| 1.8013+06 | 240.0668 | 424.4525 | 1.0000 |
| 1.9152+06 | 240.0668 | 421.3667 | 1.0000 |
| 2.2344+06 | 240.0668 | 412.7044 | 1.0000 |
| 2.5536+06 | 240.0668 | 404.0266 | 1.0000 |
| 2.8728+06 | 240.0668 | 395.3336 | 1.0000 |
| 3.1920+06 | 240.0668 | 386.6259 | 1.0000 |
| 3.5112+06 | 240.0668 | 377.9037 | 1.0000 |
| 3.8304+06 | 240.0668 | 369.1676 | 1.0000 |
| 4.1495+06 | 240.0668 | 360.4179 | 1.0000 |
| 4.4687+06 | 240.0668 | 351.6552 | 1.0000 |
| 4.7879+06 | 240.0668 | 342.8799 | 1.0000 |
| 5.1071+06 | 240.0668 | 334.0927 | 1.0000 |
| 5.4263+06 | 240.0668 | 325.2942 | 1.0000 |
| 5.7455+06 | 240.0668 | 316.4849 | 1.0000 |
| 6.0647+06 | 240.0668 | 307.6656 | 1.0000 |
| 6.3839+06 | 240.0668 | 298.8371 | 1.0000 |
| 6.7031+06 | 240.0668 | 290.0000 | 1.0000 |

BLOCK: FEED-HEA MODEL: HEATX

HOT SIDE:

INLET STREAM: T-F-HEAT
OUTLET STREAM: T-WA-COO
PROPERTY OPTION SET: PENG-ROB STANDARD PR EQUATION OF STATE

COLD SIDE:

INLET STREAM: HP1
OUTLET STREAM: T-R-SPLI
PROPERTY OPTION SET: PENG-ROB STANDARD PR EQUATION OF STATE

*** MASS AND ENERGY BALANCE ***

| | IN | OUT | RELATIVE DIFF. |
|---|---|---|---|
| TOTAL BALANCE | | | |
| MOLE(KMOL/HR ) | 32919.1 | 32919.1 | 0.00000 |
| MASS(KG/HR ) | 342612. | 342612. | 0.00000 |
| ENTHALPY(CAL/SEC ) | -0.135030E+08 | -0.135030E+08 | 0.00000 |

*** CO2 EQUIVALENT SUMMARY ***

| | | |
|---|---|---|
| FEED STREAMS CO2E | 796673. | KG/HR |
| PRODUCT STREAMS CO2E | 796673. | KG/HR |
| NET STREAMS CO2E PRODUCTION | 0.00000 | KG/HR |
| UTILITIES CO2E PRODUCTION | 0.00000 | KG/HR |
| TOTAL CO2E PRODUCTION | 0.00000 | KG/HR |

*** INPUT DATA ***

| | | |
|---|---|---|
| FLASH SPECS FOR HOT SIDE: | | |
| TWO PHASE FLASH | | |
| MAXIMUM NO. ITERATIONS | | 30 |
| CONVERGENCE TOLERANCE | | 0.000100000 |
| FLASH SPECS FOR COLD SIDE: | | |
| TWO PHASE FLASH | | |
| MAXIMUM NO. ITERATIONS | | 30 |
| CONVERGENCE TOLERANCE | | 0.000100000 |
| FLOW DIRECTION AND SPECIFICATION: | | |
| COUNTERCURRENT HEAT EXCHANGER | | |
| SPECIFIED HOT OUTLET TEMP | | |
| SPECIFIED VALUE | C | 67.2000 |
| LMTD CORRECTION FACTOR | | 1.00000 |
| PRESSURE SPECIFICATION: | | |
| HOT SIDE PRESSURE DROP | BAR | 0.0000 |
| COLD SIDE PRESSURE DROP | BAR | 0.0000 |
| HEAT TRANSFER COEFFICIENT SPECIFICATION: | | |
| HOT LIQUID COLD LIQUID | CAL/SEC-SQCM-K | 0.0203 |
| HOT 2-PHASE COLD LIQUID | CAL/SEC-SQCM-K | 0.0203 |
| HOT VAPOR COLD LIQUID | CAL/SEC-SQCM-K | 0.0203 |
| HOT LIQUID COLD 2-PHASE | CAL/SEC-SQCM-K | 0.0203 |
| HOT 2-PHASE COLD 2-PHASE | CAL/SEC-SQCM-K | 0.0203 |
| HOT VAPOR COLD 2-PHASE | CAL/SEC-SQCM-K | 0.0203 |
| HOT LIQUID COLD VAPOR | CAL/SEC-SQCM-K | 0.0203 |
| HOT 2-PHASE COLD VAPOR | CAL/SEC-SQCM-K | 0.0203 |
| HOT VAPOR COLD VAPOR | CAL/SEC-SQCM-K | 0.0203 |

*** OVERALL RESULTS ***

STREAMS:

```
          --------------------------------------
          |                                    |
```

```
                              ~APA98A.tmp
T-F-HEAT  ----->|              HOT                |-----> T-WA-COO
T=  2.9000D+02  |                                 |       T=  6.7200D+01
P=  2.4007D+02  |                                 |       P=  2.4007D+02
V=  1.0000D+00  |                                 |       V=  1.0000D+00
                |                                 |
T-R-SPLI  <-----|              COLD               |<----- HP1
T=  2.4881D+02  |                                 |       T=  3.4500D+01
P=  2.4517D+02  |                                 |       P=  2.4517D+02
V=  1.0000D+00  |                                 |       V=  1.0000D+00
                -----------------------------------

DUTY AND AREA:
  CALCULATED HEAT DUTY          CAL/SEC              8108020.5186
  CALCULATED (REQUIRED) AREA    SQM                     1085.8380
  ACTUAL EXCHANGER AREA         SQM                     1085.8380
  PER CENT OVER-DESIGN                                     0.0000

HEAT TRANSFER COEFFICIENT:
  AVERAGE COEFFICIENT (DIRTY)   CAL/SEC-SQCM-K             0.0203
  UA (DIRTY)                    CAL/SEC-K             220445.7574

LOG-MEAN TEMPERATURE DIFFERENCE:
  LMTD CORRECTION FACTOR                                   1.0000
  LMTD (CORRECTED)              C                         36.7801
  NUMBER OF SHELLS IN SERIES                                1

PRESSURE DROP:
  HOTSIDE, TOTAL                BAR                        0.0000
  COLDSIDE, TOTAL               BAR                        0.0000

                   ***  ZONE RESULTS  ***

TEMPERATURE LEAVING EACH ZONE:

                                HOT
        ------------------------------------------------------------
        |                                                          |
HOT IN  |                       VAP                                | HOT OUT
------> |                                                          |------>
 290.0  |                                                          |  67.2
        |                                                          |
COLDOUT |                       VAP                                | COLDIN
<------ |                                                          |<------
 248.8  |                                                          |  34.5
        |                                                          |
        ------------------------------------------------------------
                                COLD

ZONE HEAT TRANSFER AND AREA:

ZONE       HEAT DUTY      AREA       LMTD       AVERAGE U        UA
           CAL/SEC        SQM        C          CAL/SEC-SQCM-K   CAL/SEC-K
```

```
  1    8108020.519      1085.8380       36.7801      0.0203       220445.7574

HEATX COLD-TQCU FEED-HEA TQCURV INLET
-------------------------------------
  PRESSURE PROFILE:        CONSTANT2
  PRESSURE DROP:           0.0          BAR
  PROPERTY OPTION SET:     PENG-ROB   STANDARD PR EQUATION OF STATE
```

| DUTY CAL/SEC | PRES BAR | TEMP C | VFRAC |
|---|---|---|---|
| 0.0 | 245.1663 | 248.8137 | 1.0000 |
| 3.8610+05 | 245.1663 | 238.5630 | 1.0000 |
| 7.7219+05 | 245.1663 | 228.3087 | 1.0000 |
| 1.1583+06 | 245.1663 | 218.0518 | 1.0000 |
| 1.5444+06 | 245.1663 | 207.7932 | 1.0000 |
| 1.9305+06 | 245.1663 | 197.5338 | 1.0000 |
| 2.3166+06 | 245.1663 | 187.2748 | 1.0000 |
| 2.7027+06 | 245.1663 | 177.0171 | 1.0000 |
| 3.0888+06 | 245.1663 | 166.7622 | 1.0000 |
| 3.4749+06 | 245.1663 | 156.5112 | 1.0000 |
| 3.8610+06 | 245.1663 | 146.2655 | 1.0000 |
| 4.2471+06 | 245.1663 | 136.0268 | 1.0000 |
| 4.6332+06 | 245.1663 | 125.7966 | 1.0000 |
| 5.0193+06 | 245.1663 | 115.5769 | 1.0000 |
| 5.4053+06 | 245.1663 | 105.3696 | 1.0000 |
| 5.7914+06 | 245.1663 | 95.1771 | 1.0000 |
| 6.1775+06 | 245.1663 | 85.0020 | 1.0000 |
| 6.5636+06 | 245.1663 | 74.8470 | 1.0000 |
| 6.9497+06 | 245.1663 | 64.7155 | 1.0000 |
| 7.3358+06 | 245.1663 | 54.6110 | 1.0000 |
| 7.7219+06 | 245.1663 | 44.5376 | 1.0000 |
| 8.1080+06 | 245.1663 | 34.5000 | 1.0000 |

```
HEATX HOT-TQCUR FEED-HEA TQCURV INLET
-------------------------------------
  PRESSURE PROFILE:        CONSTANT2
  PRESSURE DROP:           0.0          BAR
  PROPERTY OPTION SET:     PENG-ROB   STANDARD PR EQUATION OF STATE

-----------------------------------------------------
```

| DUTY CAL/SEC | PRES BAR | TEMP C | VFRAC |
|---|---|---|---|
| 0.0 | 240.0668 | 290.0000 | 1.0000 |
| 3.8610+05 | 240.0668 | 279.3007 | 1.0000 |
| 7.7219+05 | 240.0668 | 268.5917 | 1.0000 |
| 1.1583+06 | 240.0668 | 257.8751 | 1.0000 |
| 1.5444+06 | 240.0668 | 247.1525 | 1.0000 |
| 1.9305+06 | 240.0668 | 236.4262 | 1.0000 |
| 2.3166+06 | 240.0668 | 225.6985 | 1.0000 |
| 2.7027+06 | 240.0668 | 214.9718 | 1.0000 |
| 3.0888+06 | 240.0668 | 204.2490 | 1.0000 |
| 3.4749+06 | 240.0668 | 193.5332 | 1.0000 |
| 3.8610+06 | 240.0668 | 182.8277 | 1.0000 |
| 4.2471+06 | 240.0668 | 172.1363 | 1.0000 |
| 4.6332+06 | 240.0668 | 161.4632 | 1.0000 |
| 5.0193+06 | 240.0668 | 150.8130 | 1.0000 |
| 5.4053+06 | 240.0668 | 140.1909 | 1.0000 |
| 5.7914+06 | 240.0668 | 129.6026 | 1.0000 |
| 6.1775+06 | 240.0668 | 119.0546 | 1.0000 |
| 6.5636+06 | 240.0668 | 108.5540 | 1.0000 |
| 6.9497+06 | 240.0668 | 98.1088 | 1.0000 |
| 7.3358+06 | 240.0668 | 87.7280 | 1.0000 |
| 7.7219+06 | 240.0668 | 77.4214 | 1.0000 |
| 8.1080+06 | 240.0668 | 67.2000 | 1.0000 |

```
BLOCK:  R-1-EXC  MODEL: HEATX
-----------------------------
  HOT SIDE:
  ---------
  INLET STREAM:                R-1-VAP
  OUTLET STREAM:               R-2-IN
  PROPERTY OPTION SET:      PENG-ROB   STANDARD PR EQUATION OF STATE
  COLD SIDE:
  ----------
  INLET STREAM:                R1E-C-IN
  OUTLET STREAM:               R-1-IN
  PROPERTY OPTION SET:      PENG-ROB   STANDARD PR EQUATION OF STATE

                     ***  MASS AND ENERGY BALANCE  ***
                                  IN              OUT          RELATIVE DIFF.
   TOTAL BALANCE
      MOLE(KMOL/HR )            33879.7         33879.7          0.00000
```

```
   MASS(KG/HR   )            342612.          342612.          0.00000
   ENTHALPY(CAL/SEC )        0.915848E+07     0.915848E+07    -0.203379E-15

                  ***  CO2 EQUIVALENT SUMMARY ***
 FEED STREAMS CO2E            796673.       KG/HR
 PRODUCT STREAMS CO2E         796673.       KG/HR
 NET STREAMS CO2E PRODUCTION  0.00000       KG/HR
 UTILITIES CO2E PRODUCTION    0.00000       KG/HR
 TOTAL CO2E PRODUCTION        0.00000       KG/HR

                      ***  INPUT DATA  ***

FLASH SPECS FOR HOT SIDE:
TWO    PHASE     FLASH
MAXIMUM NO. ITERATIONS                                  30
CONVERGENCE TOLERANCE                                    0.000100000

FLASH SPECS FOR COLD SIDE:
TWO    PHASE     FLASH
MAXIMUM NO. ITERATIONS                                  30
CONVERGENCE TOLERANCE                                    0.000100000

FLOW DIRECTION AND SPECIFICATION:
  COUNTERCURRENT   HEAT EXCHANGER
  SPECIFIED HOT OUTLET TEMP
  SPECIFIED VALUE                 C                    454.0000
  LMTD CORRECTION FACTOR                                 1.00000

PRESSURE SPECIFICATION:
  HOT  SIDE PRESSURE DROP         BAR                    0.0000
  COLD SIDE PRESSURE DROP         BAR                    0.0000

HEAT TRANSFER COEFFICIENT SPECIFICATION:
  HOT LIQUID     COLD LIQUID      CAL/SEC-SQCM-K         0.0203
  HOT 2-PHASE    COLD LIQUID      CAL/SEC-SQCM-K         0.0203
  HOT VAPOR      COLD LIQUID      CAL/SEC-SQCM-K         0.0203
  HOT LIQUID     COLD 2-PHASE     CAL/SEC-SQCM-K         0.0203
  HOT 2-PHASE    COLD 2-PHASE     CAL/SEC-SQCM-K         0.0203
  HOT VAPOR      COLD 2-PHASE     CAL/SEC-SQCM-K         0.0203
  HOT LIQUID     COLD VAPOR       CAL/SEC-SQCM-K         0.0203
  HOT 2-PHASE    COLD VAPOR       CAL/SEC-SQCM-K         0.0203
  HOT VAPOR      COLD VAPOR       CAL/SEC-SQCM-K         0.0203

                    ***  OVERALL RESULTS  ***

STREAMS:
                --------------------------------------
               |                                      |
R-1-VAP   ----->|              HOT                     |-----> R-2-IN
T=  5.2670D+02 |                                      |       T=  4.5400D+02
P=  2.4350D+02 |                                      |       P=  2.4350D+02
V=  1.0000D+00 |                                      |       V=  1.0000D+00
```

```
                                ~APA98A.tmp
                |                                          |
R-1-IN    <-----|              COLD                        |<----- R1E-C-IN
T=  3.8243D+02  |                                          |       T=  3.0992D+02
P=  2.4517D+02  |                                          |       P=  2.4517D+02
V=  1.0000D+00  |                                          |       V=  1.0000D+00
                --------------------------------------------

DUTY AND AREA:
  CALCULATED HEAT DUTY            CAL/SEC              2752221.1137
  CALCULATED (REQUIRED) AREA      SQM                       94.0291
  ACTUAL EXCHANGER AREA           SQM                       94.0291
  PER CENT OVER-DESIGN                                       0.0000

HEAT TRANSFER COEFFICIENT:
  AVERAGE COEFFICIENT (DIRTY)     CAL/SEC-SQCM-K             0.0203
  UA (DIRTY)                      CAL/SEC-K              19089.6940

LOG-MEAN TEMPERATURE DIFFERENCE:
  LMTD CORRECTION FACTOR                                     1.0000
  LMTD (CORRECTED)                C                        144.1731
  NUMBER OF SHELLS IN SERIES                                  1

PRESSURE DROP:
  HOTSIDE, TOTAL                  BAR                        0.0000
  COLDSIDE, TOTAL                 BAR                        0.0000

                    ***  ZONE RESULTS  ***

TEMPERATURE LEAVING EACH ZONE:

                                   HOT
        -------------------------------------------------------------
        |                                                           |
HOT IN  |                          VAP                              | HOT OUT
------> |                                                           |------>
 526.7  |                                                           |  454.0
        |                                                           |
COLDOUT |                          VAP                              | COLDIN
<------ |                                                           |<------
 382.4  |                                                           |  309.9
        |                                                           |
        -------------------------------------------------------------
                                   COLD

ZONE HEAT TRANSFER AND AREA:

ZONE      HEAT DUTY      AREA        LMTD       AVERAGE U        UA
          CAL/SEC        SQM         C          CAL/SEC-SQCM-K   CAL/SEC-K

  1    2752221.114      94.0291    144.1731     0.0203         19089.6940

HEATX COLD-TQCU R-1-EXC  TQCURV INLET
```

PRESSURE PROFILE: CONSTANT2
PRESSURE DROP: 0.0 BAR
PROPERTY OPTION SET: PENG-ROB STANDARD PR EQUATION OF STATE

| DUTY CAL/SEC | PRES BAR | TEMP C | VFRAC |
|---|---|---|---|
| 0.0 | 245.1663 | 382.4327 | 1.0000 |
| 1.3106+05 | 245.1663 | 378.9930 | 1.0000 |
| 2.6212+05 | 245.1663 | 375.5519 | 1.0000 |
| 3.9317+05 | 245.1663 | 372.1093 | 1.0000 |
| 5.2423+05 | 245.1663 | 368.6652 | 1.0000 |
| 6.5529+05 | 245.1663 | 365.2198 | 1.0000 |
| 7.8635+05 | 245.1663 | 361.7731 | 1.0000 |
| 9.1741+05 | 245.1663 | 358.3249 | 1.0000 |
| 1.0485+06 | 245.1663 | 354.8755 | 1.0000 |
| 1.1795+06 | 245.1663 | 351.4247 | 1.0000 |
| 1.3106+06 | 245.1663 | 347.9726 | 1.0000 |
| 1.4416+06 | 245.1663 | 344.5193 | 1.0000 |
| 1.5727+06 | 245.1663 | 341.0647 | 1.0000 |
| 1.7038+06 | 245.1663 | 337.6089 | 1.0000 |
| 1.8348+06 | 245.1663 | 334.1519 | 1.0000 |
| 1.9659+06 | 245.1663 | 330.6937 | 1.0000 |
| 2.0969+06 | 245.1663 | 327.2343 | 1.0000 |
| 2.2280+06 | 245.1663 | 323.7738 | 1.0000 |
| 2.3590+06 | 245.1663 | 320.3122 | 1.0000 |
| 2.4901+06 | 245.1663 | 316.8495 | 1.0000 |
| 2.6212+06 | 245.1663 | 313.3858 | 1.0000 |
| 2.7522+06 | 245.1663 | 309.9210 | 1.0000 |

HEATX HOT-TQCUR R-1-EXC TQCURV INLET

PRESSURE PROFILE: CONSTANT2
PRESSURE DROP: 0.0 BAR
PROPERTY OPTION SET: PENG-ROB STANDARD PR EQUATION OF STATE

| DUTY | PRES | TEMP | VFRAC |
|---|---|---|---|

```
!  CAL/SEC    !  BAR        !  C          !             !
!             !             !             !             !
!=============!=============!=============!=============!
!     0.0     !   243.4991  !   526.7000  !     1.0000  !
!  1.3106+05  !   243.4991  !   523.2644  !     1.0000  !
!  2.6212+05  !   243.4991  !   519.8261  !     1.0000  !
!  3.9317+05  !   243.4991  !   516.3851  !     1.0000  !
!  5.2423+05  !   243.4991  !   512.9415  !     1.0000  !
!-------------+-------------+-------------+-------------!
!  6.5529+05  !   243.4991  !   509.4952  !     1.0000  !
!  7.8635+05  !   243.4991  !   506.0463  !     1.0000  !
!  9.1741+05  !   243.4991  !   502.5947  !     1.0000  !
!  1.0485+06  !   243.4991  !   499.1405  !     1.0000  !
!  1.1795+06  !   243.4991  !   495.6837  !     1.0000  !
!-------------+-------------+-------------+-------------!
!  1.3106+06  !   243.4991  !   492.2243  !     1.0000  !
!  1.4416+06  !   243.4991  !   488.7622  !     1.0000  !
!  1.5727+06  !   243.4991  !   485.2976  !     1.0000  !
!  1.7038+06  !   243.4991  !   481.8303  !     1.0000  !
!  1.8348+06  !   243.4991  !   478.3605  !     1.0000  !
!-------------+-------------+-------------+-------------!
!  1.9659+06  !   243.4991  !   474.8881  !     1.0000  !
!  2.0969+06  !   243.4991  !   471.4131  !     1.0000  !
!  2.2280+06  !   243.4991  !   467.9355  !     1.0000  !
!  2.3590+06  !   243.4991  !   464.4554  !     1.0000  !
!  2.4901+06  !   243.4991  !   460.9728  !     1.0000  !
!-------------+-------------+-------------+-------------!
!  2.6212+06  !   243.4991  !   457.4877  !     1.0000  !
!  2.7522+06  !   243.4991  !   454.0000  !     1.0000  !
---------------------------------------------------------

BLOCK:  R-2-EXC  MODEL: HEATX
------------------------------
  HOT SIDE:
  ---------
  INLET STREAM:             R-2-VAP
  OUTLET STREAM:            R-3-IN
  PROPERTY OPTION SET:    PENG-ROB   STANDARD PR EQUATION OF STATE
  COLD SIDE:
  ----------
  INLET STREAM:             R2E-C-IN
  OUTLET STREAM:            R2E-C-OU
  PROPERTY OPTION SET:    PENG-ROB   STANDARD PR EQUATION OF STATE

                     ***  MASS AND ENERGY BALANCE  ***
                                   IN               OUT          RELATIVE DIFF.
   TOTAL BALANCE
      MOLE(KMOL/HR )           25503.3          25503.3           0.00000
      MASS(KG/HR   )           267167.          267167.           0.00000
      ENTHALPY(CAL/SEC )     0.319478E+07    0.319478E+07        0.00000

                     ***  CO2 EQUIVALENT SUMMARY ***
```

```
 FEED STREAMS CO2E              621241.       KG/HR
 PRODUCT STREAMS CO2E           621241.       KG/HR
 NET STREAMS CO2E PRODUCTION    0.00000       KG/HR
 UTILITIES CO2E PRODUCTION      0.00000       KG/HR
 TOTAL CO2E PRODUCTION          0.00000       KG/HR

                          ***  INPUT DATA  ***

FLASH SPECS FOR HOT SIDE:
TWO   PHASE      FLASH
MAXIMUM NO. ITERATIONS                                    30
CONVERGENCE TOLERANCE                                      0.000100000

FLASH SPECS FOR COLD SIDE:
TWO   PHASE      FLASH
MAXIMUM NO. ITERATIONS                                    30
CONVERGENCE TOLERANCE                                      0.000100000

FLOW DIRECTION AND SPECIFICATION:
  COUNTERCURRENT   HEAT EXCHANGER
  SPECIFIED HOT OUTLET TEMP
  SPECIFIED VALUE              C                         435.0000
  LMTD CORRECTION FACTOR                                   1.00000

PRESSURE SPECIFICATION:
  HOT  SIDE PRESSURE DROP      BAR                         0.0000
  COLD SIDE PRESSURE DROP      BAR                         0.0000

HEAT TRANSFER COEFFICIENT SPECIFICATION:
  HOT LIQUID     COLD LIQUID      CAL/SEC-SQCM-K           0.0203
  HOT 2-PHASE    COLD LIQUID      CAL/SEC-SQCM-K           0.0203
  HOT VAPOR      COLD LIQUID      CAL/SEC-SQCM-K           0.0203
  HOT LIQUID     COLD 2-PHASE     CAL/SEC-SQCM-K           0.0203
  HOT 2-PHASE    COLD 2-PHASE     CAL/SEC-SQCM-K           0.0203
  HOT VAPOR      COLD 2-PHASE     CAL/SEC-SQCM-K           0.0203
  HOT LIQUID     COLD VAPOR       CAL/SEC-SQCM-K           0.0203
  HOT 2-PHASE    COLD VAPOR       CAL/SEC-SQCM-K           0.0203
  HOT VAPOR      COLD VAPOR       CAL/SEC-SQCM-K           0.0203

                       ***  OVERALL RESULTS  ***

STREAMS:
                ----------------------------------------
                |                                      |
R-2-VAP   ----->|               HOT                    |-----> R-3-IN
T=  4.9660D+02  |                                      |       T=  4.3500D+02
P=  2.4124D+02  |                                      |       P=  2.4124D+02
V=  1.0000D+00  |                                      |       V=  1.0000D+00
                |                                      |
R2E-C-OU  <-----|               COLD                   |<----- R2E-C-IN
T=  3.5780D+02  |                                      |       T=  2.4881D+02
P=  2.4517D+02  |                                      |       P=  2.4517D+02
```

```
V=  1.0000D+00  |                                    |       V=  1.0000D+00
                 ------------------------------------

 DUTY AND AREA:
   CALCULATED HEAT DUTY           CAL/SEC              2306018.9609
   CALCULATED (REQUIRED) AREA     SQM                       70.4038
   ACTUAL EXCHANGER AREA          SQM                       70.4038
   PER CENT OVER-DESIGN                                      0.0000

 HEAT TRANSFER COEFFICIENT:
   AVERAGE COEFFICIENT (DIRTY)    CAL/SEC-SQCM-K             0.0203
   UA (DIRTY)                     CAL/SEC-K              14293.3181

 LOG-MEAN TEMPERATURE DIFFERENCE:
   LMTD CORRECTION FACTOR                                    1.0000
   LMTD (CORRECTED)               C                        161.3355
   NUMBER OF SHELLS IN SERIES                                  1

 PRESSURE DROP:
   HOTSIDE, TOTAL                 BAR                        0.0000
   COLDSIDE, TOTAL                BAR                        0.0000

                      ***  ZONE RESULTS  ***

 TEMPERATURE LEAVING EACH ZONE:

                                  HOT
        -------------------------------------------------------------
        |                                                           |
HOT IN  |                        VAP                                | HOT OUT
------> |                                                           |------>
 496.6  |                                                           |  435.0
        |                                                           |
COLDOUT |                        VAP                                | COLDIN
<------ |                                                           |<------
 357.8  |                                                           |  248.8
        |                                                           |
        -------------------------------------------------------------
                                  COLD

 ZONE HEAT TRANSFER AND AREA:

 ZONE       HEAT DUTY       AREA        LMTD        AVERAGE U        UA
            CAL/SEC         SQM         C           CAL/SEC-SQCM-K   CAL/SEC-K

   1    2306018.961       70.4038     161.3355      0.0203          14293.3181

HEATX COLD-TQCU R-2-EXC  TQCURV INLET
------------------------------------
 PRESSURE PROFILE:       CONSTANT2
 PRESSURE DROP:          0.0         BAR
 PROPERTY OPTION SET:    PENG-ROB  STANDARD PR EQUATION OF STATE
```

| DUTY CAL/SEC | PRES BAR | TEMP C | VFRAC |
|---|---|---|---|
| 0.0 | 245.1663 | 357.7992 | 1.0000 |
| 1.0981+05 | 245.1663 | 352.6335 | 1.0000 |
| 2.1962+05 | 245.1663 | 347.4648 | 1.0000 |
| 3.2943+05 | 245.1663 | 342.2934 | 1.0000 |
| 4.3924+05 | 245.1663 | 337.1192 | 1.0000 |
| 5.4905+05 | 245.1663 | 331.9422 | 1.0000 |
| 6.5886+05 | 245.1663 | 326.7627 | 1.0000 |
| 7.6867+05 | 245.1663 | 321.5807 | 1.0000 |
| 8.7848+05 | 245.1663 | 316.3961 | 1.0000 |
| 9.8829+05 | 245.1663 | 311.2092 | 1.0000 |
| 1.0981+06 | 245.1663 | 306.0201 | 1.0000 |
| 1.2079+06 | 245.1663 | 300.8287 | 1.0000 |
| 1.3177+06 | 245.1663 | 295.6352 | 1.0000 |
| 1.4275+06 | 245.1663 | 290.4396 | 1.0000 |
| 1.5373+06 | 245.1663 | 285.2422 | 1.0000 |
| 1.6472+06 | 245.1663 | 280.0429 | 1.0000 |
| 1.7570+06 | 245.1663 | 274.8418 | 1.0000 |
| 1.8668+06 | 245.1663 | 269.6391 | 1.0000 |
| 1.9766+06 | 245.1663 | 264.4348 | 1.0000 |
| 2.0864+06 | 245.1663 | 259.2291 | 1.0000 |
| 2.1962+06 | 245.1663 | 254.0220 | 1.0000 |
| 2.3060+06 | 245.1663 | 248.8137 | 1.0000 |

HEATX HOT-TQCUR R-2-EXC TQCURV INLET

PRESSURE PROFILE: CONSTANT2
PRESSURE DROP: 0.0 BAR
PROPERTY OPTION SET: PENG-ROB STANDARD PR EQUATION OF STATE

| DUTY CAL/SEC | PRES BAR | TEMP C | VFRAC |
|---|---|---|---|
| 0.0 | 241.2436 | 496.6000 | 1.0000 |

```
! 1.0981+05 !   241.2436 !   493.6859 !     1.0000 !
! 2.1962+05 !   241.2436 !   490.7699 !     1.0000 !
! 3.2943+05 !   241.2436 !   487.8519 !     1.0000 !
! 4.3924+05 !   241.2436 !   484.9320 !     1.0000 !
!-----------+------------+------------+------------!
! 5.4905+05 !   241.2436 !   482.0101 !     1.0000 !
! 6.5886+05 !   241.2436 !   479.0863 !     1.0000 !
! 7.6867+05 !   241.2436 !   476.1605 !     1.0000 !
! 8.7848+05 !   241.2436 !   473.2328 !     1.0000 !
! 9.8829+05 !   241.2436 !   470.3032 !     1.0000 !
!-----------+------------+------------+------------!
! 1.0981+06 !   241.2436 !   467.3716 !     1.0000 !
! 1.2079+06 !   241.2436 !   464.4382 !     1.0000 !
! 1.3177+06 !   241.2436 !   461.5028 !     1.0000 !
! 1.4275+06 !   241.2436 !   458.5655 !     1.0000 !
! 1.5373+06 !   241.2436 !   455.6264 !     1.0000 !
!-----------+------------+------------+------------!
! 1.6472+06 !   241.2436 !   452.6853 !     1.0000 !
! 1.7570+06 !   241.2436 !   449.7424 !     1.0000 !
! 1.8668+06 !   241.2436 !   446.7976 !     1.0000 !
! 1.9766+06 !   241.2436 !   443.8510 !     1.0000 !
! 2.0864+06 !   241.2436 !   440.9025 !     1.0000 !
!-----------+------------+------------+------------!
! 2.1962+06 !   241.2436 !   437.9522 !     1.0000 !
! 2.3060+06 !   241.2436 !   435.0000 !     1.0000 !
---------------------------------------------------

BLOCK:  W-COOLER MODEL: HEATX
-----------------------------
  HOT SIDE:
  ---------
  INLET STREAM:             T-WA-COO
  OUTLET STREAM:            T-1-COOL
  PROPERTY OPTION SET:   PENG-ROB  STANDARD PR EQUATION OF STATE
  COLD SIDE:
  ----------
  INLET STREAM:             WATER-IN
  OUTLET STREAM:            WATER-OU
  PROPERTY OPTION SET:   PENG-ROB  STANDARD PR EQUATION OF STATE

                   ***  MASS AND ENERGY BALANCE  ***
                                 IN              OUT          RELATIVE DIFF.
   TOTAL BALANCE
      MOLE(KMOL/HR )          0.200150E+08    0.200150E+08     0.00000
      MASS(KG/HR   )          0.360477E+09    0.360477E+09     0.00000
      ENTHALPY(CAL/SEC )     -0.381805E+12   -0.381805E+12     0.00000

                   ***  CO2 EQUIVALENT SUMMARY ***
   FEED STREAMS CO2E            398336.       KG/HR
   PRODUCT STREAMS CO2E         398336.       KG/HR
   NET STREAMS CO2E PRODUCTION  0.00000       KG/HR
   UTILITIES CO2E PRODUCTION    0.00000       KG/HR
```

```
 TOTAL CO2E PRODUCTION          0.00000       KG/HR

                    ***  INPUT DATA  ***

FLASH SPECS FOR HOT SIDE:
TWO    PHASE      FLASH
MAXIMUM NO. ITERATIONS                                 30
CONVERGENCE TOLERANCE                                   0.000100000

FLASH SPECS FOR COLD SIDE:
TWO    PHASE      FLASH
MAXIMUM NO. ITERATIONS                                 30
CONVERGENCE TOLERANCE                                   0.000100000

FLOW DIRECTION AND SPECIFICATION:
  COUNTERCURRENT   HEAT EXCHANGER
  SPECIFIED HOT OUTLET TEMP
  SPECIFIED VALUE              C                       36.0000
  LMTD CORRECTION FACTOR                                1.00000

PRESSURE SPECIFICATION:
  HOT  SIDE PRESSURE DROP      BAR                      0.0000
  COLD SIDE PRESSURE DROP      BAR                      0.0000

HEAT TRANSFER COEFFICIENT SPECIFICATION:
  HOT LIQUID    COLD LIQUID    CAL/SEC-SQCM-K           0.0203
  HOT 2-PHASE   COLD LIQUID    CAL/SEC-SQCM-K           0.0203
  HOT VAPOR     COLD LIQUID    CAL/SEC-SQCM-K           0.0203
  HOT LIQUID    COLD 2-PHASE   CAL/SEC-SQCM-K           0.0203
  HOT 2-PHASE   COLD 2-PHASE   CAL/SEC-SQCM-K           0.0203
  HOT VAPOR     COLD 2-PHASE   CAL/SEC-SQCM-K           0.0203
  HOT LIQUID    COLD VAPOR     CAL/SEC-SQCM-K           0.0203
  HOT 2-PHASE   COLD VAPOR     CAL/SEC-SQCM-K           0.0203
  HOT VAPOR     COLD VAPOR     CAL/SEC-SQCM-K           0.0203

                   ***  OVERALL RESULTS  ***

STREAMS:
                --------------------------------------
                |                                    |
T-WA-COO  ----->|               HOT                  |-----> T-1-COOL
T=  6.7200D+01  |                                    |       T=  3.6000D+01
P=  2.4007D+02  |                                    |       P=  2.4007D+02
V=  1.0000D+00  |                                    |       V=  8.6548D-01
                |                                    |
WATER-OU  <-----|               COLD                 |<----- WATER-IN
T=  2.5028D+01  |                                    |       T=  2.5000D+01
P=  1.0003D+01  |                                    |       P=  1.0003D+01
V=  0.0000D+00  |                                    |       V=  0.0000D+00
                --------------------------------------

DUTY AND AREA:
```

```
                                   ~APA98A.tmp
  CALCULATED HEAT DUTY             CAL/SEC              3049452.4771
  CALCULATED (REQUIRED) AREA       SQM                      661.4884
  ACTUAL EXCHANGER AREA            SQM                      661.4884
  PER CENT OVER-DESIGN                                        0.0000

 HEAT TRANSFER COEFFICIENT:
  AVERAGE COEFFICIENT (DIRTY)      CAL/SEC-SQCM-K             0.0203
  UA (DIRTY)                       CAL/SEC-K             134294.7220

 LOG-MEAN TEMPERATURE DIFFERENCE:
  LMTD CORRECTION FACTOR                                      1.0000
  LMTD (CORRECTED)                 C                         22.7072
  NUMBER OF SHELLS IN SERIES                                   1

 PRESSURE DROP:
  HOTSIDE, TOTAL                   BAR                        0.0000
  COLDSIDE, TOTAL                  BAR                        0.0000

                          ***  ZONE RESULTS  ***

 TEMPERATURE LEAVING EACH ZONE:

                                    HOT
      -------------------------------------------------------------
      |                             |                             |
HOT IN |            VAP              |            COND             | HOT OUT
------>|                             |                             |------>
  67.2 |                         64.9|                             |  36.0
      |                             |                             |
COLDOUT|            LIQ              |            LIQ              | COLDIN
<------|                             |                             |<------
  25.0 |                         25.0|                             |  25.0
      |                             |                             |
      -------------------------------------------------------------
                                    COLD

 ZONE HEAT TRANSFER AND AREA:

 ZONE       HEAT DUTY        AREA        LMTD       AVERAGE U        UA
            CAL/SEC          SQM         C          CAL/SEC-SQCM-K   CAL/SEC-K

  1        88827.666       10.6736     40.9921     0.0203          2166.9459
  2      2960624.811      650.8148     22.4073     0.0203        132127.7761

HEATX COLD-TQCU W-COOLER TQCURV INLET
------------------------------------
 PRESSURE PROFILE:        CONSTANT2
 PRESSURE DROP:           0.0          BAR
 PROPERTY OPTION SET:     PENG-ROB  STANDARD PR EQUATION OF STATE

-----------------------------------------------------
! DUTY        ! PRES        ! TEMP        ! VFRAC       !
```

```
!            !            !            !            !
!            !            !            !            !
!            !            !            !            !
! CAL/SEC    ! BAR        ! C          !            !
!            !            !            !            !
!============!============!============!============!
!     0.0    !   10.0028  !   25.0282  !     0.0    !
! 8.8828+04  !   10.0028  !   25.0274  !     0.0    !
! 1.4521+05  !   10.0028  !   25.0269  !     0.0    !
! 2.9042+05  !   10.0028  !   25.0255  !     0.0    !
! 4.3564+05  !   10.0028  !   25.0242  !     0.0    !
!------------+------------+------------+------------!
! 5.8085+05  !   10.0028  !   25.0228  !     0.0    !
! 7.2606+05  !   10.0028  !   25.0215  !     0.0    !
! 8.7127+05  !   10.0028  !   25.0201  !     0.0    !
! 1.0165+06  !   10.0028  !   25.0188  !     0.0    !
! 1.1617+06  !   10.0028  !   25.0175  !     0.0    !
!------------+------------+------------+------------!
! 1.3069+06  !   10.0028  !   25.0161  !     0.0    !
! 1.4521+06  !   10.0028  !   25.0148  !     0.0    !
! 1.5973+06  !   10.0028  !   25.0134  !     0.0    !
! 1.7425+06  !   10.0028  !   25.0121  !     0.0    !
! 1.8878+06  !   10.0028  !   25.0107  !     0.0    !
!------------+------------+------------+------------!
! 2.0330+06  !   10.0028  !   25.0094  !     0.0    !
! 2.1782+06  !   10.0028  !   25.0081  !     0.0    !
! 2.3234+06  !   10.0028  !   25.0067  !     0.0    !
! 2.4686+06  !   10.0028  !   25.0054  !     0.0    !
! 2.6138+06  !   10.0028  !   25.0040  !     0.0    !
!------------+------------+------------+------------!
! 2.7590+06  !   10.0028  !   25.0027  !     0.0    !
! 2.9042+06  !   10.0028  !   25.0013  !     0.0    !
! 3.0495+06  !   10.0028  !   25.0000  !     0.0    !
-----------------------------------------------------

HEATX HOT-TQCUR W-COOLER TQCURV INLET
-------------------------------------
  PRESSURE PROFILE:       CONSTANT2
  PRESSURE DROP:          0.0         BAR
  PROPERTY OPTION SET:    PENG-ROB  STANDARD PR EQUATION OF STATE

-----------------------------------------------------
! DUTY       ! PRES       ! TEMP       ! VFRAC      !
!            !            !            !            !
!            !            !            !            !
!            !            !            !            !
! CAL/SEC    ! BAR        ! C          !            !
!            !            !            !            !
!============!============!============!============!
!     0.0    !  240.0668  !   67.2000  !    1.0000  !
! 8.8828+04  !  240.0668  !   64.8617  ! DEW>1.0000 !
! 1.4521+05  !  240.0668  !   64.4035  !    0.9968  !
```

~APA98A.tmp

| | | | |
|---|---|---|---|
| 2.9042+05 | 240.0668 | 63.2093 | 0.9886 |
| 4.3564+05 | 240.0668 | 61.9944 | 0.9806 |
| 5.8085+05 | 240.0668 | 60.7584 | 0.9728 |
| 7.2606+05 | 240.0668 | 59.5008 | 0.9652 |
| 8.7127+05 | 240.0668 | 58.2212 | 0.9577 |
| 1.0165+06 | 240.0668 | 56.9188 | 0.9504 |
| 1.1617+06 | 240.0668 | 55.5934 | 0.9433 |
| 1.3069+06 | 240.0668 | 54.2443 | 0.9363 |
| 1.4521+06 | 240.0668 | 52.8711 | 0.9296 |
| 1.5973+06 | 240.0668 | 51.4731 | 0.9229 |
| 1.7425+06 | 240.0668 | 50.0497 | 0.9165 |
| 1.8878+06 | 240.0668 | 48.6005 | 0.9102 |
| 2.0330+06 | 240.0668 | 47.1248 | 0.9041 |
| 2.1782+06 | 240.0668 | 45.6219 | 0.8981 |
| 2.3234+06 | 240.0668 | 44.0914 | 0.8923 |
| 2.4686+06 | 240.0668 | 42.5325 | 0.8866 |
| 2.6138+06 | 240.0668 | 40.9445 | 0.8811 |
| 2.7590+06 | 240.0668 | 39.3269 | 0.8757 |
| 2.9042+06 | 240.0668 | 37.6790 | 0.8705 |
| 3.0495+06 | 240.0668 | 36.0000 | 0.8655 |

# Rozdział 9

# Obliczanie równowagi i współczynnika korygującego

## 9.1 Równowaga

Jak wspomniano wcześniej, równowaga jest warunkiem, w którym szybkość reakcji do przodu staje się równa szybkości reakcji odwrotnej. Aby uzyskać produkt, temperatura robocza musi być niższa niż temperatura równowagi, którą oblicza się według następujących wzorów.

$$K_p = [P_{NH_3}]^2/[P_{N_2}][P_{H_2}]^3$$

$$T^2(\ln(K_p) - K_{p_1}) - T(K_{p_2} + PK_{p_3}) - PK_{p_4} = 0$$

Tutaj P reprezentuje ciśnienie (części składowe), KP jest stałą równowagi, KP1, KP2, KP3, KP4 są stałe z literatury, a T jest temperaturą równowagi.

Rozwiązanie równania quadrycznego da wartość temperatury.

Ciśnienie częściowe można obliczyć na podstawie iloczynu frakcji molowej i ciśnienia całkowitego. [10]

## 9.2 Podejście do równowagi (ATE) Obliczenia

## Approach to Equilibrium of the 1st Bed

| | |
|---|---|
| **Pressure Bar** | 243.4991195 |
| **Kp1** | -27.366 |
| **Kp2** | 12500 |
| **Kp3** | -1.42 |
| **Kp4** | 2100 |
| **Kp** | 4.31689E-06 |
| | |
| **a** | 15.01302357 |
| **b** | -12154.23125 |
| **c** | -511348.151 |
| **b2-4ac** | 178432864.7 |
| | |
| **Equilibrium Temperature** | 849.6658795 |
| ATE | 66.66587952 |

## Approach to Equilibrium of the 2nd Bed

| | |
|---|---|
| **Pressure Bar** | 241.24359 |
| **Kp1** | -27.366 |
| **Kp2** | 12500 |
| **Kp3** | -1.42 |
| **Kp4** | 2100 |
| **Kp** | 1.00709E-05 |
| | |
| **a** | 15.8601411 |
| **b** | -12157.4341 |
| **c** | -506611.539 |
| **b2-4ac** | 179942925.9 |
| **Equilibrium Temperature** | 806.1629026 |
| ATE | 38.1629026 |

**Approach to Equilibrium of the 3rd Bed**

| | |
|---|---|
| **Pressure Bar** | 240.066792 |
| **Kp1** | -27.366 |
| **Kp2** | 12500 |
| **Kp3** | -1.42 |
| **Kp4** | 2100 |
| **Kp** | 1.57301E-05 |
| | |
| | |
| **a** | 16.30606315 |
| **b** | -12159.10516 |
| **c** | -504140.2632 |
| **b2-4ac** | 180726010.1 |
| **Equilibrium Temperature** | 785.0620456 |
| ATE | 72.06204558 |

Rysunek 9.2 Temperatura równowagi (K)

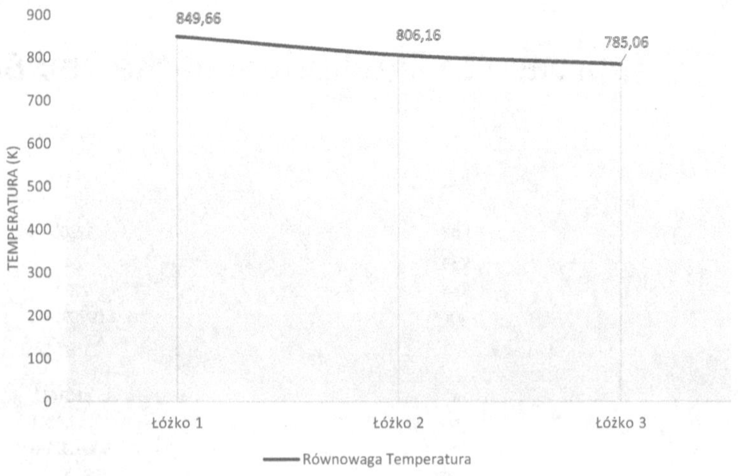


## 9.3 Szybkość reakcji

Szybkość obliczana jest za pomocą różnych równań. Równania te obejmują. [2][7][8][11][15]

- Równanie tempa Temkina i Pyzheva
- Zmodyfikowane równanie Temkin Rate (Temkin Rate Equation)
- Równanie współczynnika Dysona

## 9.4 Równanie tempa Temkina i Pyzheva

Równanie to jest przyznawane przez

$$R=((K1*PN2*(PH21^{.5}))/PNH3)-((K2*PNH3)/(PH21^{.5})))$$

$$K1=KO1*\exp(-E1/(R*T))$$

$$K2=KO2*\exp(-E2/(R*T))$$

Gdzie

T to temperatura w Kelwinie, P to ciśnienie w barze lub atm, K1 i K2 to stałe prędkości, E1 i E2 to energia aktywacji z jednostkami J/mol i K01 oraz K02 to stałe z jednostkami ($kgmol/m3*hr*atm1^{.5}$) i ($kgmol*atm0^{.5/m3*hr}$) odpowiednio.

R to szybkość z jednostkami kgmol/m^3*hr.

### 9.4.1 Kod Matlab dla łóżka 1 Warunki wlotu

```
dla T=673:36.667:819.667
 jeżeli T<819.667
     PH2=.6595*238.368;
     PN2=.2198*238.368;
     PNH3=.0407*238.368;
     KO1=1.78954*10^4;
     KO2=2.5714*10^16;
     E1=86944;
     E2=198550;
     R=8.34;
    jednostki ko1 w kgmolu/m^3*h*atm^1,5,ko2 w
    kgmolu*atm^0,5/m^3*hr,E1 oraz
    %E2 są w J/mol,R IN kgmol/m^3*godz.
     K1=KO1*exp(-E1/(R*T))
     K2=KO2*exp(-E2/(R*T))
   R=((K1*PN2*(PH2^1.5))/PNH3)-((K2*PNH3)/(PH2^1.5))
     działka (T,R)
 inaczej
 zakończenie
zakończenie
```

### 9.4.2 Wynik

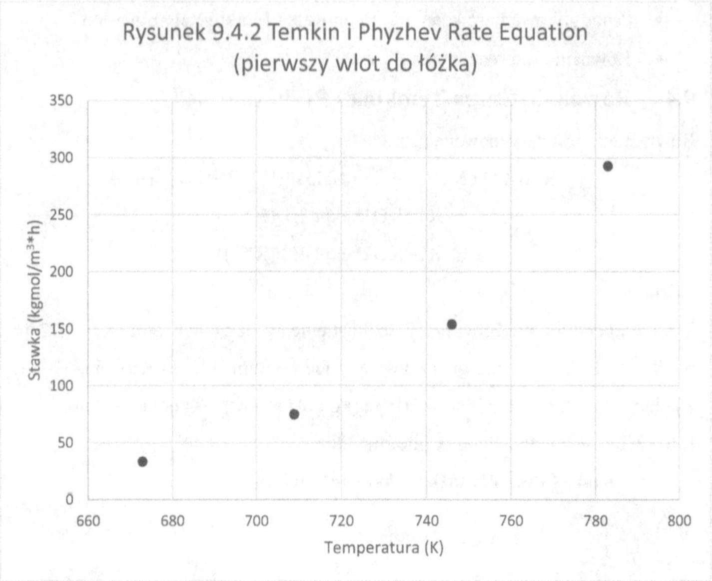


### 9.4.3 Kod Matlab dla łóżka 2 Warunki wlotu

```
dla T2=737:10.33:768
    PH21=236.16*.5847;
    PN21=236.16*.19489;
    PNH31=.133*236.16;
    E21=86944;
    E22=198550;
    R=8.34;
    KO21=1.78954*10^4;
    KO22=2.5714*10^16;
    K21=KO21*exp(-E21/(R*T2));
    K22=KO22*exp(-E22/(R*T2));
   R2=((K21*PN21*(PH21^1.5))/PNH31)-
   ((K22*PNH31)/(PH21^1.5))
   działka (T2,R2)
zakończenie
```

### 9.4.4 Wynik

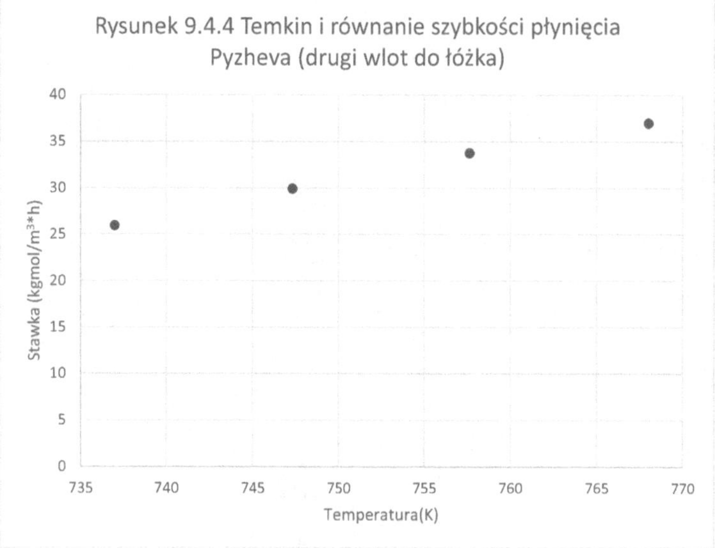


### 9.4.5 Kod Matlab dla łóżka 3 Warunki wlotu

```
dla T3=686:9:713
     P3H2=235*.56;
    P3N2=235*.187;
    P3NH3=.16238*235;
    E31=86944;
    E32=198550;
    R=8.34;
    KO31=1.78954*10^4;
    KO32=2.5714*10^16;
    K31=KO31*exp(-E31/(R*T3));
    K32=KO32*exp(-E32/(R*T3));
    R3=((K31*P3N2*(P3H2^1.5))/P3NH3)-
   ((K32*P3NH3)/(P3H2^1.5)))
 działka (T3,R3)
zakończenie
```

### 9.4.6 Wynik

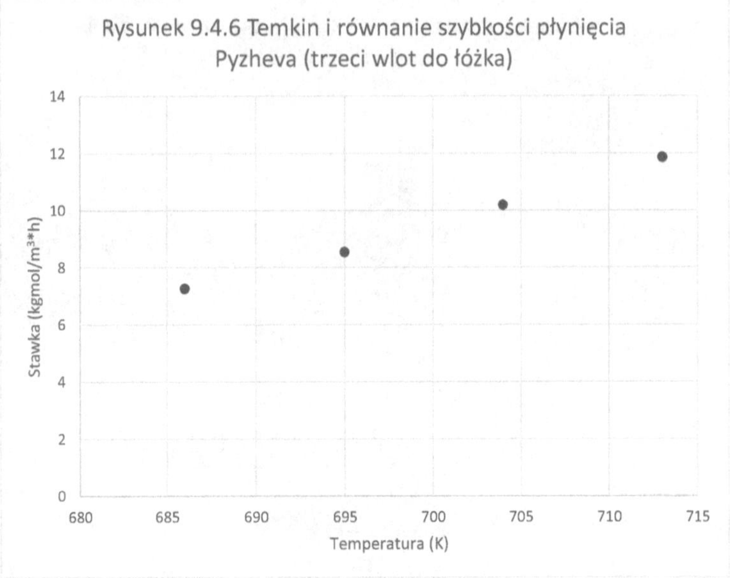


## 9.5 Zmodyfikowane równanie Temkin Rate (Temkin Rate Equation)

Równanie to jest przyznawane przez

$$R=k*(P_{H2}^{alfa})*(P_{N2}^{1-alfa})$$

$$K=ko*exp(-E/RT)$$

Gdzie

K jest stałą prędkością, P jest ciśnieniem w atm, E jest energią aktywacji w j/mol, ko jest stałą kgmol/atm*m3*h, a alfa równa się 0,5.

### 9.5.1 Kod Matlab dla łóżka 1 Warunki wlotu

```
dla T=673:22:783
    R1=8.849*10^14*exp(-
170397.7/(8.314*T))*((248.3*.96*.6595)^.5)*((248.3*.
96*.2198)^.5)
    działka (T,R1)
xlabel('T')
```

```
    ylabel ('R1')
  zakończenie
```

9.5.2 **Wynik**

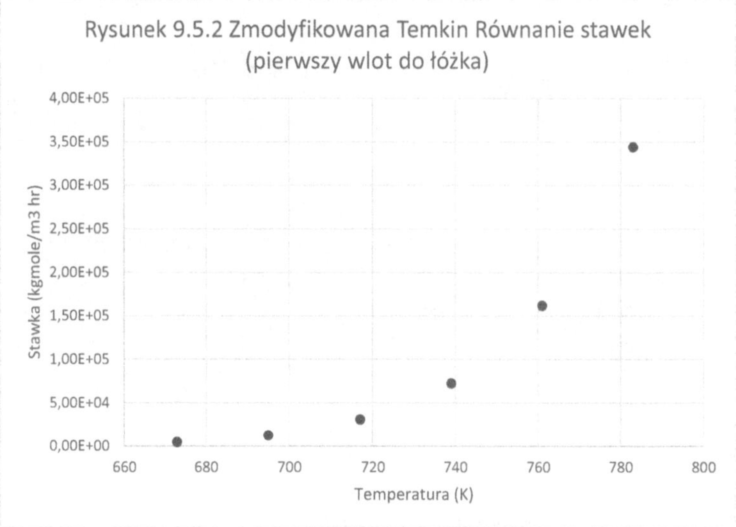


9.5.3 **Kod Matlab dla łóżka 2 Warunki wlotu**

```
dla T2=737:6.2:768
     R2=8.849*10^14*exp(-
   170397.7/(8.314*T2))*((246*.96*.58)^.5)*((246*.96*.1
   94)^.5)
     działka (T2,R2)
  xlabel('T2')
  ylabel('R2')
zakończenie
```

### 9.5.4 Wynik

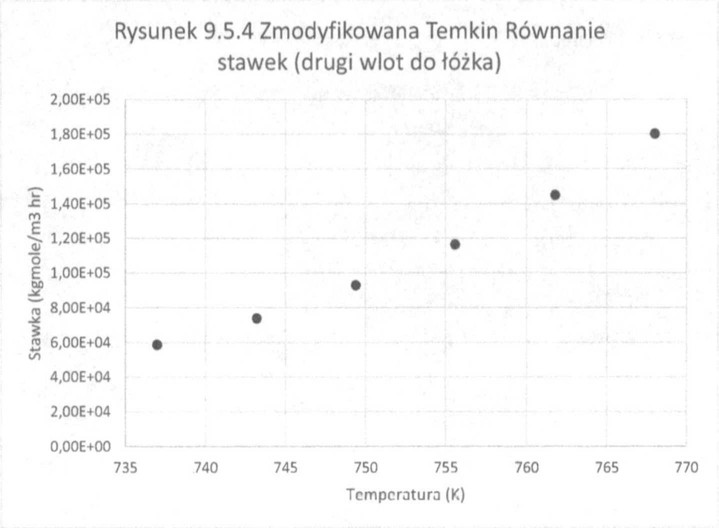


### 9.5.5 Kod Matlab dla łóżka 3 Stan wlotu

```
dla T3=686:5.4:713
     R3=8.849*10^14*exp(-
170397.7/(8.314*T3))*((244.8*.96*.568)^.5)*((244.8*.96*.
189)^.5)
     działka (T3,R3)
 xlabel(T3)
 ylabel(R3)
zakończenie
```

### 9.5.6 **Wynik**

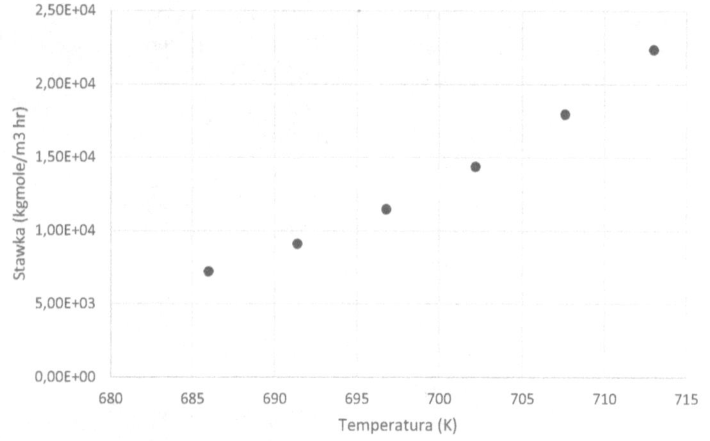

Rysunek 9.5.6. Zmodyfikowany Temkin Równanie stawek (trzeci wlot do łóżka)

## 9.6 Równanie współczynnika Dysona

Równanie to jest przyznawane przez

$$R = 2K\left(K_a{}^2 a_{N_2}\left(\frac{a_{H_2}{}^3}{a_{NH_3}{}^2}\right)^a - \left(\frac{a_{NH_3}{}^2}{a_{H_2}{}^3}\right)^{1-a}\right)$$

Gdzie

K jest stałą prędkości obrotowej, Ka jest stałą równowagi, Ai jest czynnością, stała α ma wartość pomiędzy 0,5-0,75, wartość 0,5 została użyta.

ai=yi*P*P*φ

$$\phi_{H_2} = \exp\left\{e^{\left(-3.8402T^{0.125}+0.541\right)}P - e^{\left(-0.1263T^{0.5}-15.98\right)}P^2 + 300\left[e^{\left(-0.011901T-5.941\right)}\right]\left(e^{-\frac{P}{300}}\right)\right\}$$

$$\phi_{N_2} = 0.93431737 + 0.2028538\times10^{-3}T + 0.295896\times10^{-3}P$$
$$-0.270727\times10^{-6}T^2 + 0.4775207\times10^{-6}P^2$$
$$\phi_{NH_3} = 0.1438996 + 0.2028538\times10^{-2}T - 0.4487672\times10^{-3}P$$
$$-0.1142945\times10^{-5}T^2 + 0.2761216\times10^{-6}P^2$$

### 9.6.1 Kod Matlab dla łóżka 1 Warunki wlotu

```
dla T=673:36.667:819.667
jeżeli T<819.667
        p=238.368;
        a=exp((-3.8402)*(T^.125)+.541);
        b=exp( -(-. 1263)*(T^.5)-15.98);
        c=exp((-.011901*T)-5.941);
        d=exp((-p)/300);
        phiH2=exp((a*p)-(b*p^2)+300*(c*d));
        phiN2=0.93431737+(.2028538*(10^-
        3)*T)+(.295896*(10^-3)*p)-(0,270727*(10^-
        6)*T^2)+(0,4775207*(10^-6)*p^2);
        phiNH3=.1438996+(.2028538*(10^-2)*T)-
        (.4487672*(10^-3)*p)-(.1142945*(10^-
        5)*T^2)+(.2761216*(10^-6)*p^2);
        aH2=phiH2*p*.6595;
        aN2=phiN2*p*.2198;
        aNH3=phiNH3*.0407*p;
        Ko=8.849*10^14;
        E=170397.7;
        R=8.314;
        k=ko*exp(-E/(R*T))
        S=(-2.691122*log10(T))-(5.519265*(10^-
        5)*T)+(1.848863*(10^-7)*T^2)+(2001.6/T)+2.6899;
 keq=(10^S)
        A=(keq^2)*aN2;
        B=(aH2^3)/(aNH3^2);
        C=(aNH3^2)/(aH2^3);
        RNH3=2*k*((A*(B^.5))-(C^.5))
 inaczej
 zakończenie
zakończenie
```

### 9.6.2 Wynik

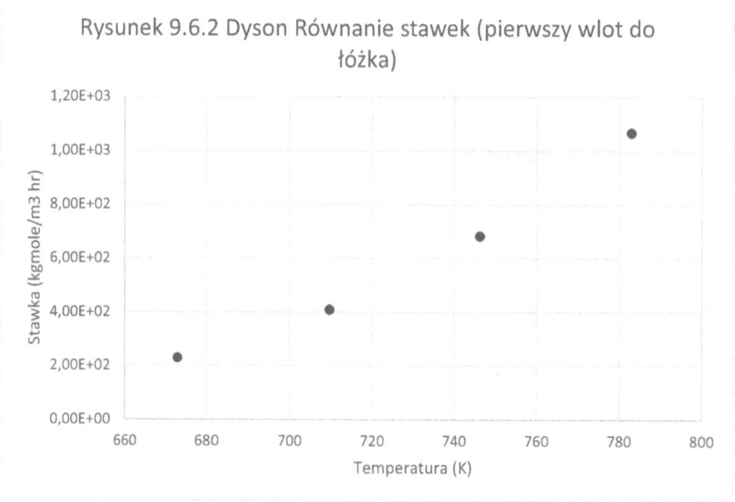


### 9.6.3 Kod Matlab dla łóżka 2 Warunki wlotu

```
dla T1=737:10.33:778
     p1=236.16
 a1=exp((-3.8402)*(T1^.125)+.541);
 b1=exp((-.1263)*
(T1^.5)-15.98);
 c1=exp((-.011901*T1)-5.941);
 d1=exp((-p1)/300);
 phiH2=exp((a1*p1)-(b1*p1^2)+300*(c1*d1));
   phiN2=0,93431737+(.2028538*(10^-
    3)*T1)+(.295896*(10^-3)*p1)-(0,270727*(10^-
    6)*T1^2)+(0,4775207*(10^-6)*p1^2);
 phiNH3=.1438996+(.2028538*(10^-2)*T1)-(.4487672*(10^-
    3)*p1)-(.1142945*(10^-5)*T1^2)+(.2761216*(10^-
    6)*p1^2);
 a1H2=phiH2*p1*.6595;
 a1N2=phiN2*p1*.2198;
 a1NH3=phiNH3*.0407*p;
 Ko1=8.849*10^14;
 E1=170397.7;
 R=8.314;
 k1=ko1*exp(-E1/(R*T1))
```

```
S1=(-2.691122*log10(T1))-(5.519265*(10^-
    5)*T1)+(1.848863*(10^-7)*T1^2)+(2001.6/T1)+2.6899;
keq1=(10^S1)
A1=(keq^2)*a1N2;
B1=(a1H2^3)/(a1NH3^2);
C1=(a1NH3^2)/(a1H2^3);
R2NH3=2*k1*((A1*(B1^.5))-(C1^.5))

zakończenie
```

### 9.6.4 Rezultat:

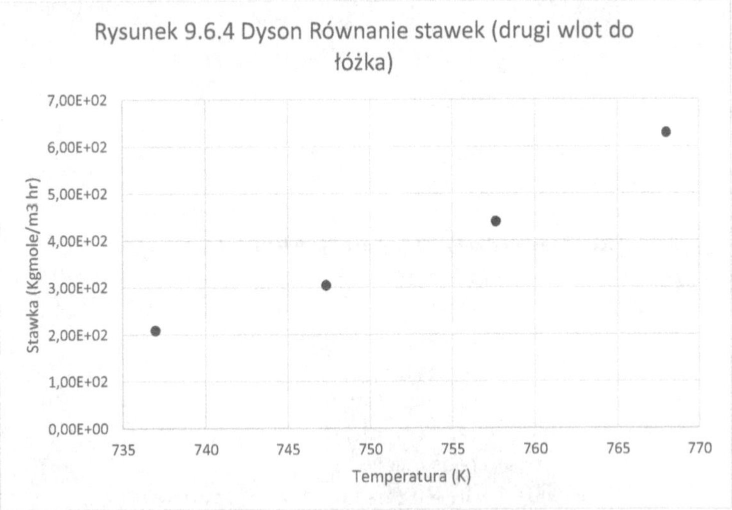


### 9.6.5 Kod Matlab dla łóżka 3 Warunki wlotu:

```
dla T1=686:9:713
 p1=244.8*.96
 a1=exp((-3.8402)*(T1^.125)+.541);
 b1=exp((-. 1263)*(T1^.5)-15.98);
 c1=exp((-.011901*T1)-5.941);
 d1=exp((-p1)/300);
 phiH2=exp((a1*p1)-(b1*p1^2)+300*(c1*d1));
 phiN2=0,93431737+(.2028538*(10^-3)*T1)+(.295896*(10^-
    3)*p1)-(0,270727*(10^-6)*T1^2)+(0,4775207*(10^-
    6)*p1^2);
```

```
phiNH3=.1438996+(.2028538*(10^-2)*T1)-(.4487672*(10^-
   3)*p1)-(.1142945*(10^-5)*T1^2)+(.2761216*(10^-
   6)*p1^2);
    a1H2=phiH2*p1*.6595;
    a1N2=phiN2*p1*.2198;
    a1NH3=phiNH3*.0407*p;
    Ko1=8.849*10^14;
    E1=170397.7;
    R=8.314;
    k1=ko1*exp(-E1/(R*T1))
   S1=(-2.691122*log10(T1))-(5.519265*(10^-
   5)*T1)+(1.848863*(10^-7)*T1^2)+(2001.6/T1)+2.6899;
    keq1=(10^S1)
    A1=(keq^2)*a1N2;
    B1=(a1H2^3)/(a1NH3^2);
    C1=(a1NH3^2)/(a1H2^3);
    R3NH3=2*k1*((A1*(B1^.5))-(C1^.5))
zakończenie
```

### 9.6.6 **Rezultat:**

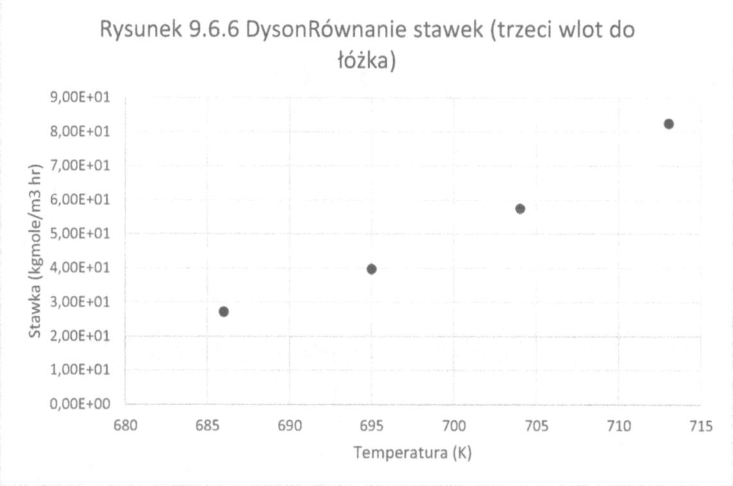


## 9.7 Wolna energia Gibbsa

Stosowane równanie jest podane przez

Log keq=-2.691122*log(T)-(5.519265*10^-5)*T+(1.848863*10^-7)*T^2+(2001.6/T) +2.6899

$$DG=-R*T*ln*ln(keq)$$

Gdzie T to temperatura. Keq to stała równowagi, a DG to darmowa energia Gibbsa.

### 9.7.1 Obliczenia dotyczące energii wolnej od Gibbsa

```
T1=673K
logkeq=-2.691122*log(T1)-(5.519265*10^-
5)*T1+(1.848863*10^-7)*T1^2+(2001.6/T1) +2.6899
keq=0.0211868
R=8.314
DG=-8.314*673*ln(0.0211868)
DG=21566.48kj/mol.
T2=709.66K
DG=28109.26711Kj/mol
T3=746.33K
DG=32829.74072
T4=783K
DG=37040.7
```

Rysunek 9.7.1 Wolna energia Gibbsa

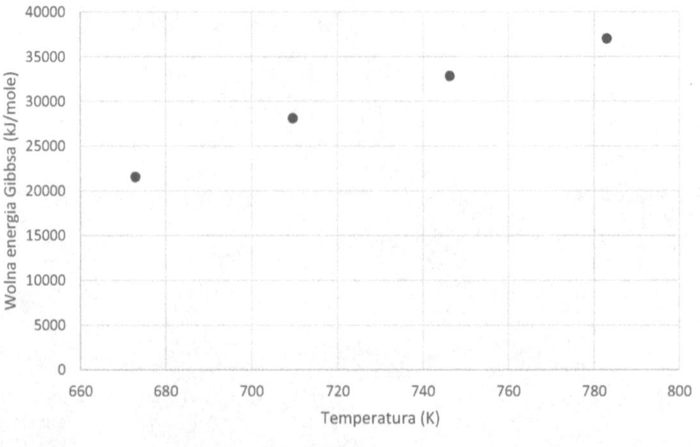

# Rozdział 10

# Analiza zagrożeń i wnioski z analizy zagrożeń

## 10.1 Analiza zagrożeń

Analiza HAZOP jest wykorzystywana jako fragment Ilościowej Oceny Ryzyka (QRA). Celem jest zbadanie rozbieżności między zakładem, od zamiaru projektowego i sformułowanie ryzyka dla pracowników i sprzętu oraz komplikacji operacyjnych.

Motywacja stojąca za przeprowadzeniem tego badania jest następująca

- Przede wszystkim w celu określenia zagrożeń, oraz
- W celu rozwiązania ewentualnych zagrożeń.

Poniższe słowa przewodnie wraz z ich znaczeniami zilustrowano poniżej.

*Tabela 10.1 Przewodnik po niebezpieczeństwie (Hazop guide)*

| **Przewodnik Słowo** | **Znaczenie** |
|---|---|
| NIE LUB NIE | Całkowita sprzeczność z oryginalnym wzorem |
| MNIEJSZY | Spadek ilościowy |
| WIĘCEJ | Zwiększyć ilościowo |
| AS WELL AS | Podnoszenie jakości |
| REVERSE | Jest to przeciwieństwo pierwotnego projektu. |
| INNE NIŻ / ZAMIAST | Całkowite zastąpienie |
| CZĘŚĆ | Modyfikacja jakościowa/zmniejszenie jakościowe |

Analiza HAZOP jest wykonywana na głównych operacjach jednostkowych pętli syntezy amoniaku.

### 10.1.1 Wymiennik ciepła

**Intencje**: Efektywny transfer ciepła w celu uzyskania wymaganej temperatury reakcji w reaktorze.

*Tabela 10.1.1.1 Analiza zagrożenia wymiennika ciepła - analiza zagrożeń*

| **Przewodnik Słowo** | **Odstępstwo** | **Przyczyny** | **Konsekwencje** | **Działanie** |
|---|---|---|---|---|
| MNIEJSZY | Przepływ cieczy chłodzącej jest mniejszy | Blokada rury | Temperatura płynu technologicznego zmienia się. | Zainstalować alarm wysokotemperaturowy Alarm |
| WIĘCEJ | Przepływ płynu chłodzącego jest większy | Uszkodzenie zaworu chłodzącego Płyn chłodzący | Spadek temperatury cieczy technologicznej. | Zainstalować alarm niskotemperaturowy |
| WIĘCEJ | Ciśnienie po stronie węża jest większe. | Z powodu awarii zaworu płynu technologicznego. | Bo rura pękła.... | Zainstalować alarm wysokociśnieniowy |

10.1.2 **Reaktor**

**Intencje**: Aby osiągnąć wymaganą konwersję w reaktorze przy określonej temperaturze i ciśnieniu.

*Tabela 10.1.2 Analiza zagrożenia reaktorem (Reactor hazop analysis)*

| **Słowo przewodnika** | **Odstępstwo** | **Możliwe przyczyny** | **Konsekwencje** | **Działanie** |
|---|---|---|---|---|
| WIĘCEJ | Temperatura strumienia procesowego jest wysoka | Awaria sterowania temperaturą przed reaktorem. | Wymagana konwersja nie zostanie osiągnięta, a szanse na wygenerowanie hot spotu nie | Alarm o wysokiej temperaturze |

| | | | | |
|---|---|---|---|---|
| | | | zostaną osiągnięte. | |
| MNIEJSZY | Niska temperatura strumienia procesowego | Awaria sterowania temperaturą przed reaktorem. | Szybkość reakcji spada. | Alarm niskotemperaturowy |
| WIĘCEJ | Wyższy poziom | Awaria sterowania przepływem pozwala reaktorowi na przepełnienie zbiornika. | W miarę zapełniania się reaktora może on spowodować jego ewentualne uszkodzenie. | Alarmy wysokiego poziomu |

10.1.3 **Sprężarka**

**Intencje**: Aby osiągnąć wymagane ciśnienie.

*10.1.3 Analiza zagrożenia sprężarką typu hazop*

| Słowo przewodnika | Odstępstwo | Możliwe przyczyny | Konsekwencje | Działanie |
|---|---|---|---|---|
| WIĘCEJ | Wzrost ciśnienia | Blokada strumienia odpływowego | Naprężenia na ścianach urządzeń | Alarm wysokiego ciśnienia i zawór przelewowy |
| MNIEJSZY | Spadek ciśnienia | Blokada strumienia | Mniejsze ciśnienie | Alarm niskiego |

| | | | | |
|---|---|---|---|---|
| | | wlotowego | zmniejsza konwersję produktu | ciśnienia |

## 10.2 Wniosek

Szybkość reakcji syntezy amoniaku wzrasta wraz ze wzrostem temperatury, jednak podejście do równowagi maleje. Temperatura powyżej równowagi prowadzi do reakcji odwrotnej. Tak więc osiągnięto kompromis między kursem a konwersją. Proces ten jest oszczędny dzięki recyklingowi reaktorów.

Stosuje się różne równania stawek i stwierdza się, że równanie stawek Dysona przedstawia model stawek efektywniej niż inne równania. Wiąże się to z koncepcją ulotności, która bardziej efektywnie opisuje zachowanie się gazów realnych.

## Referencje:

[1] Jacob A. Moulijn, Michiel Makkee i Annelies E. Van Diepen "Technologia procesów chemicznych".

[2] R.W. Missen, C.A Mims, B.A Savile "Introduction to Chemical Reaction Engineering & Kinetics" , Wiley, 1999.

[3] J. Morud, "The dynamics of Chemical Reactors Whit Heat Integration", praca doktorska, 1995.

[4] Seader, Henley, Roper, "Zasady procesu rozdzielania - operacje chemiczne i biochemiczne".

[5] Gavin Towler, Ray Sinnot, "Principles Practice and Economics of Plant and Process Design".

[6] B.k Dutta , "Zasady i zastosowania transferu ciepła".

[7] Charles G.Hill "Wstęp do Kinetyki Inżynierii Chemicznej i Projektowania Reaktorów".

[8] Richard M.Felder / Ronald W.Rousseau, "Elementry Princilpes of Chemical process", 2005.

[9] H. Scott Fogler, "Elements of Chemical Reaction Engineering, 2005 Fourth Edition".

[10] Martyn V. Twigg, "Catalyst Handbook", wydanie drugie, Manson Publishing.

[11] S.S.. E. H. Elnashaie i Elshishini " Modelowanie, symulacja i optymalizacja przemysłowych reaktorów katalitycznych ze złożem stałym".

[12] Nayef Ghasem, Redhouane Henda " Zasady procesu inżynierii chemicznej: bilans materiałowo-energetyczny", wydanie drugie.

[13] Max Appl " Ammonia Principles and Industrial Practice".

[14] "KONWERTER SYNTEZY AMONIAKU". Prem Baboo, Senior Manager (Prod), National Fertilizers Ltd. Indie, FIE, Instytut Inżynierów w Indiach.

[15] https://www.researchgate.net/publication/262452049. Proces "Haber-Bosch". Dataset - maj 2014 r., Abdullah Ashraf, Uniwersytet w Katarze.

[16] https://pubchem.ncbi.nlm.nih.gov/compound/ammonia.

[17] K.V Naraynan,B.Lakshmikutty"Stechiometria i obliczenia procesów".

FSC
www.fsc.org
MIX
Papier | Fördert gute Waldnutzung
FSC® C083411

Kolibri 360 GmbH
Ferdinand-Jühlke-Straße 7
99095 Erfurt, Deutschland
produktsicherheit@kolibri360.de

Druck:
CPI Druckdienstleistungen GmbH
im Auftrag der
Kolibri 360 GmbH
Ferdinand-Jühlke-Str. 7
99095 Erfurt